科学新悦读文丛

U0685890

身边有科学
千变万化的
化学

刘行光 ◎ 编著

杨仕强 杨金芳 ◎ 绘

人民邮电出版社

北京

图书在版编目（CIP）数据

身边有科学. 千变万化的化学 / 刘行光编著；杨仕强，杨金芳绘. — 北京 ：人民邮电出版社, 2021.8
（科学新悦读文丛）
ISBN 978-7-115-56140-4

Ⅰ. ①身… Ⅱ. ①刘… ②杨… ③杨… Ⅲ. ①自然科学－普及读物②化学－普及读物 Ⅳ. ①N49②O6-49

中国版本图书馆CIP数据核字(2021)第052082号

◆ 编　著　刘行光
　　绘　　　杨仕强　杨金芳
　　责任编辑　王朝辉
　　责任印制　王　郁　陈　犇

◆ 人民邮电出版社出版发行　　北京市丰台区成寿寺路 11 号
　邮编　100164　电子邮件　315@ptpress.com.cn
　网址　https://www.ptpress.com.cn
　涿州市般润文化传播有限公司印刷

◆ 开本：880×1230　1/32
　印张：6.875　　　　　　　2021 年 8 月第 1 版
　字数：137 千字　　　　　2025 年 4 月河北第 6 次印刷

定价：39.80 元

读者服务热线：(010)81055410　印装质量热线：(010)81055316
反盗版热线：(010)81055315

内 容 提 要

　　化学无处不在，它藏身于我们生活中的每一个角落。本书紧密联系生活实际，运用化学基础知识，通俗、生动地解释了生活中常见的化学现象；对一些特殊的情况，还给出了正确的处理方法。这些将帮助读者开阔思路，学会灵活运用化学知识。书中采用谈话的形式，介绍了化学知识在日常生活中的实际应用，语言通俗，亲切自然，说理浅显，引人入胜。如果原有人认为化学是一门需要死记硬背且枯燥乏味的学科，看完本书，一定会令其感到生活中处处有化学，化学是有用、有趣的。

　　本书为大众科普读物，适合广大化学爱好者阅读，尤其适合青少年读者学习使用。

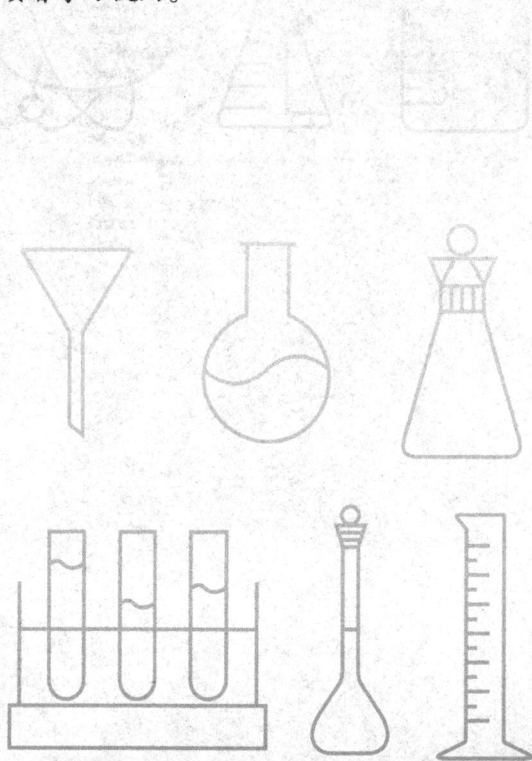

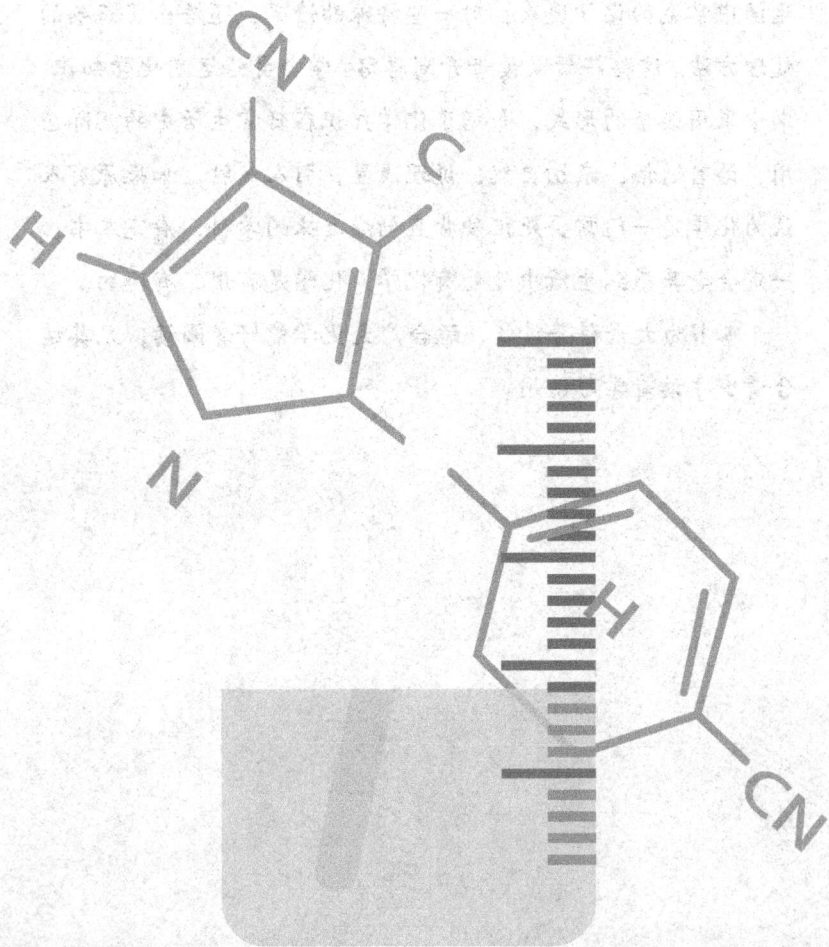

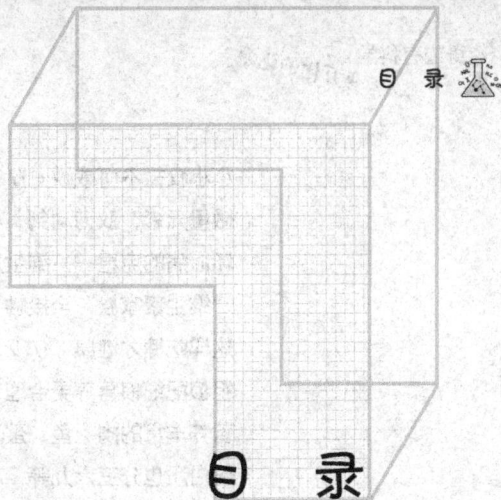

目 录

开场白

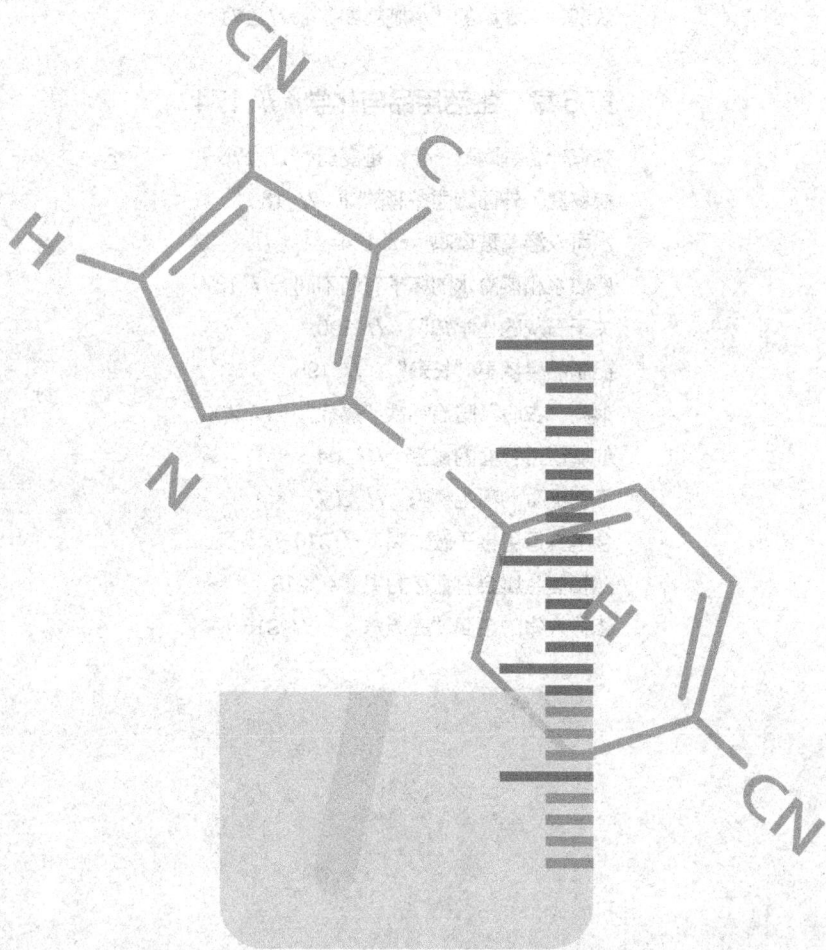

开场白

　　暑假里的一天上午，我刚吃完早餐，刘书戎带着两个小伙伴来到我家。刘书戎是我的侄子，跟他一起来的小伙伴是他的两个同学，一男一女。男同学个子不高，脸色黝黑，体格健壮，我以前没有见过他。女同学长得胖乎乎的，脸圆圆的，头上还梳着两个小辫子，身上穿着一条粉色的连衣裙，看上去就是一个性格活泼开朗的孩子。我总觉得好像在哪里见过她，可想了半天也回忆不起来。

　　书戎一进门就朝我叫道："叔叔好！我们提前来了。"然后他指着一同来的男同学向我介绍说："他姓辛，名叫德扬，家住农村。他是我们班学习成绩排名前三的'学霸'，还是化学科代表呢！"

听了这话，辛德扬有些不好意思地说："叔叔，您别听书戎瞎说，我学化学都是靠死记硬背的。在化学考试之前，我复习的时候都是拼命去记那些化学分子式、化学方程式和各种单质、混合物、化合物的制备、性质等，所以才得了高分。但是我一直不太明白化学和日常生活有什么关系，也不知道学化学有什么用。书戎上次跟我提起您要跟我们讲讲身边的化学，我很感兴趣，想过来向您多学一些与生活有关的化学知识。"

"好啊，非常欢迎！化学确实是一门与现实生活紧密相关的学科，甚至可以说，在我们的日常生活里，到处都会用到化学。你们看，我们嘴里吃的食物，身上穿的衣服，还有手上用的工具，很多东西都和化学有关。就连我们的身体，也全部是由化学元素组成的，可以说是一座名副其实的'化学工厂'呢！"

这时，那个"小辫子"姑娘也说话了："真没想到化学竟然这么有用啊！我以前最不喜欢的就是化学课了，做化学实验的时候，总是担心会被化学物质伤害，比如害怕酸性物质灼伤皮肤、腐蚀衣服。叔叔，我今天可是抱着好奇的心理，慕名来听您讲身边的化学的。"

"哈哈，我哪有什么'名'可值得你'慕'的？"

"当然有啦！""小辫子"姑娘激动地说，"之前我读了您写的《身边有科学：包罗万象的物理》，学习物理的兴趣就大大提高了，不仅养成了联系实际思考物理问题的习惯，而且我的物理成绩也提高了。上周我听书戎说，您最近给他和同学讲了《身边有科学：妙趣横生的数学》，我没能听到，感到非常可惜，所以这次专程来听您讲化学。"

　　书戒这时才突然想起来他还没向我介绍这位"小辫子"姑娘，于是说道："叔叔，她姓赵，……"这时我突然记起来了，原来她是我哥哥家楼下老邻居赵师傅的小女儿，名叫赵冉。赵师傅是一位手艺高超的二级厨师，在饭店工作。我以前去哥哥家的时候，见过这小姑娘几次。我接过话来说："我知道了，你是赵师傅的宝贝女儿，叫赵冉，对吧？"我伸手比画着她的个头，笑着说道："前年春节我看到你的时候，你才这么高，现在都长成大姑娘啦，真是'女大十八变'呀！"

　　赵冉被我说得有点不好意思，害羞地低下了头。

第 1 章
日常饮食与化学

就在我们说话的时候，德扬喝了一口我刚泡的茶，对我说道："叔叔，您泡的茶茶色清淡，醇香扑鼻，真好喝呀！"

"哟，没想到你还是个品茶小高手呢！"我开玩笑地说道。

"没有没有，我不经常喝茶，"德扬有点不好意思，"我爸妈在家有时候会泡茉莉花茶，我也喝一点，但我觉得比您泡的茶真的差远了。"

"你真的以为是我泡茶的水平高吗？"我说，"我泡的茶水比你家的好喝，那是因为我家用的水的水质比你家的好！"

书戎插口问道："都是让人喝的水，怎么还有好坏之分？"

我先给了他一个肯定的回答："是的。"然后问他们："你们知道什么是'甜水'和'苦水'吗？"

我的话音刚落，三双疑惑的眼睛都盯住了我，三张小脸上同时显现出茫然不解的表情。看着他们三个渴求知识的眼神，我说："那今天我们就一边喝茶一边讲化学吧。"

"太好了！"德扬抢着说道，"那叔叔就先给我们讲讲什么是'苦水'和'甜水'吧。"

水为什么有软硬、苦甜之分

"我们现在就来聊一下。"我打起精神说道，"为了身体的健康，我们必须每天饮用适量的水，同时，水的质量也要达到一定的标准。于是，人们对水的质量进行了较为粗略的划分，将其分为'甜水'与'苦水'。所谓'甜水'，即适宜喝的水；'苦水'则指的是有较大苦涩味道、不适合喝的水。"

"我家的井水与学校里喝的水味道不同，有些许苦涩味，"德扬插话道，"叔叔，您认为那算是苦水吗？"

我没有直接回答德扬的问题，而是问

道："你们已经学习了'溶液'的相关知识，思考一下，能否说明水有'甜''苦'之分的原因？"

赵冉思考了一会儿，声音不大地说："嗯，上化学课时，我们已经了解到水是一种非常好的溶剂，……"

"啊，我明白了。水能够溶解非常多的物质，这些被溶解的物质，有些可能是苦涩的。"书戎的说话声插了进来，并盖住了赵冉的声音。

"你们俩说的都没错，"我点了点头，表示赞许，"水只要跟其他物质有所接触，就能或多或少溶解这些物质。可以这样说，自然界中几乎不存在绝对纯净的水。我们就算是应用当代最先进的技术，即使在实验室里，也几乎提炼不出绝对纯净的水。对于平常的生活用水，尽管看起来清澈又透明，实则里面溶解了不少物质。这些物质大多是盐类，而且当它们溶解在水里后，也没有颜色。不过，当水里含有较多的盐类物质时，喝到嘴里就会产生较大的苦涩味道，我们将这种水称作'苦水'。反之，当水里含有很少的盐类物质，较为适合饮用，则称之为'甜水'。"

"对了，叔叔，我曾在一本书上看到过'硬水'一词，硬水就是苦水吗？"

"'硬水'是一个化学方面的名词，指的是一种溶解了一些钙、镁、铝、锰的硫酸盐、酸式碳酸盐、氯化物与硝酸盐的水。'苦水'是一种粗略的讲法，'硬水'则有一定的限定条件，因此不能笼统地讲'硬水'就是'苦水'。"

"叔叔，既然化学上有'硬水'，那肯定还有'软水'的概念喽。"机灵的书戎猜测说，"按照刚才您所说的推测，那些盐类含量很低的水，就是'软水'，对吗？"

"对。化学上确实有'硬水'与'软水'的区分，"我笃定地答道，"为了定量区分，人们用水的硬度这一指标来具体衡量各类水的软硬程度。钙盐与镁盐是影响硬度的主要成分，因此常以钙离子与镁离子的含量做判定。详细来说，当1升水里所含钙离子与镁离子的总和，跟10毫克氧化钙相当，称作1度。钙与镁的酸式碳酸盐的硬度叫作暂时硬度，因为可以用煮沸的办法消除这种硬度。而钙、镁的硫酸盐，以及氯化物与硝酸盐的硬度，称作永久硬度，因为这些盐性质比较稳定，不能够通过加热的方式除去。这两种硬度数值的总和称为总硬度，简称'硬度'。"

"哦，当1升水里所含的钙离子与镁离子的总和，跟10毫克氧化钙相当，称作1度，"德扬复述了一遍"1度"的含义，继而问道，"叔叔，那么'软水'究竟是多少度的水呢？"

"一般而言，'软水'指的是4~7度的水，如果是在4度以下，则称为'极软水'。8~17度的水称作'中等硬水'，17~30度的水称作'硬水'，30度以上的水称作'极硬水'。为了人们身体的健康，我国相关部门做了规定，用来喝的水的总硬度不能超过25度。换言之，当水里溶解了硫酸钙、硫酸镁、氯化钙与氯化镁等盐类，水的味道会有不同程度的苦涩。不过，如果水的硬度不超过25度，尽管水中含有微量的这些盐类，也尝不出水有明显的苦涩味道。"

"叔叔，我家的井水稍微有些苦涩味道，还能喝吗？"德扬担心地问。

"按照你说的稍微有点儿苦涩味，你家的井水极有可能是硬度较高的'硬水'，"我思索了一下说，"鉴于它的盐类含量较低，因此不能称为'苦水'，也可以饮用。只有盐类含量很高、苦涩味非常明显的水，才算是不适合喝的'苦水'。"

"哦——"德扬脸上露出了笑容，并点了点头说，"这下我就可以放心啦！"

水壶里怎么有一层厚厚的"盔甲"

在刚才的对话中，赵冉一直在仔细地倾听，她边听边盯着放在桌上的水壶，若有所思。我观察到她刚才的表情，她似乎想到了什么问题要问我，却被德扬抢先而错过了机会，所以这时我特意鼓励她说："赵冉，你是不是有什么问题? 尽管提出来。"

"叔叔，我发现水壶用的时间长了以后，里面的水就会变得很难倒出来。如果打开盖子看，会看到壶壁和壶底结了一层厚厚的'白盔甲'；家里的热水瓶在使用了一段时间以后，瓶胆原本光洁的表面也

会覆盖上一层灰白色的东西。那些究竟是什么东西呢？"

"这是因为我们在烧水时，水里钙和镁的酸式碳酸盐会因为受热而被分解成碳酸钙和碳酸镁。由于碳酸钙和碳酸镁在水中的溶解度比较小，所以一部分会沉积在水壶的内壁上，另外一部分则和开水一起被倒进热水瓶。时间长了以后，沉淀物越积越厚，就会变成水垢。也是这个原因，水壶用的时间长了以后，壶嘴的出水会变细。"

"刚才您说'暂时硬度'是可以消除的，我有点听不明白了，到底要怎么消除呢？"

"哦，是这样的。在'硬水'里含有钙、镁的酸式碳酸盐，因此，可以用加热煮沸法来降低水的硬度。"说到这里，我决定启发他们一下，"你们都仔细想想，这里用到了哪一种你们学过的化学反应？"

听了我的问题，赵冉开始一个一个地数了起来："我们学过的化学反应有化合反应、分解反应、置换反应、氧化还原反应、中和反应、复分解反应……"

德扬则不动声色，侧着头想了一阵，说："我觉得用到了分解反应！我记得在化学课上学过，碳酸氢钙受热后会分解成碳酸钙而沉淀，碳酸氢钙不就是酸式碳酸钙吗？"

听了这个回答，我点了点头："对，碳酸氢钙就是酸式碳酸钙，酸式碳酸钙和酸式碳酸镁的分子式分别是 $Ca(HCO_3)_2$ 和 $Mg(HCO_3)_2$。大多数碳酸氢盐都经受不住热的'考验'，只要受热就会分解成为二氧化碳和碳酸盐，'硬水'里的碳酸氢钙和碳酸氢镁自然也不例外。它们经过加热煮沸以后，变成了二氧化碳和碳酸钙、碳酸镁。二氧化碳跑到空气里，而碳酸钙和碳酸镁几乎不溶于水，于是就在水里沉淀下来。它们的分解反应方程式分别是：

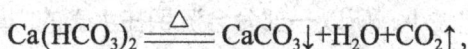

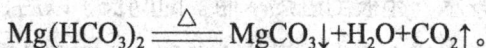

$$Ca(HCO_3)_2 \xrightarrow{\triangle} CaCO_3\downarrow+H_2O+CO_2\uparrow,$$

$$Mg(HCO_3)_2 \xrightarrow{\triangle} MgCO_3\downarrow+H_2O+CO_2\uparrow。$$

你们看，这么一来，我们不就把暂时硬度消除了吗！"

"叔叔，水壶里的水垢也是由这些沉淀物形成的吧？"

"没错。"我拿过水壶给孩子们看，"水垢也叫水锈，它们在壶底会越积越厚，非常难清洗！"

"我家水壶里的水垢比这个还要厚，"德扬说，"我妈妈基本上要一周清除一次水垢。"

"是啊，我家的水壶也得每半月除一次水垢。水垢传导热量的能力极差，因此水垢层越厚，对热量传导的阻碍也就越严重。水壶结了水垢后，如果不清除，用它烧水就会既浪费能源，又浪费时间。"

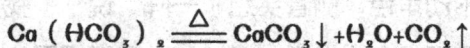

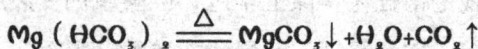

$$Ca(HCO_3)_2 \xrightarrow{\triangle} CaCO_3\downarrow+H_2O+CO_2\uparrow$$

$$Mg(HCO_3)_2 \xrightarrow{\triangle} MgCO_3\downarrow+H_2O+CO_2\uparrow$$

去除水垢有讲究

　　我把水壶放回桌子上，然后问德扬：
"你妈妈是用什么办法清除水垢的？"

　　"以前我妈妈一直用笨办法，就是拿
一把饭勺在水壶里来回刮。水壶四周的水
垢一般比较松软，比较容易刮掉，但是壶
底的水垢怎么也刮不干净，于是越积越厚。"
德扬接着说道，"前年冬天，我在书上看
到一个好办法。先准备一盆冷水，然后
把水壶里的水倒光，把它放到火上干烧。
当烧到不再冒水汽的时候，把水壶从火上
拿下来，马上放进冷水盆里，注意不要让
水进到壶里。这时厚厚的水垢就会自动开

裂，并和壶底分离。如果烧一次除不干净，可以重复几次。"

"你这个办法是利用金属和水垢的膨胀系数相差比较大的原理。当把水壶放在火上干烧的时候，金属的膨胀程度比水垢大，于是就可能会把水垢烧胀裂；而当被加热的壶底和冷水接触的时候，金属的收缩程度也比水垢大，这样就会把水垢从壶底剥离下来。"我向大家讲解了德扬所说方法的原理，"这是一种物理的方法，它虽然简单、易操作，不过缺点是有可能使金属由于受热过度而遭到破坏，还有一定的危险。既然我们学的是化学，那么就想想有没有化学的方法。你们都开动脑筋想一想，能不能利用化学的原理来除水垢？"

"有，"赵冉首先想到了，她说，"既然这种水垢的主要成分是钙、镁的碳酸盐，那么我觉得可以用盐酸把它除去。"说完她就拿起笔，在纸上写下了两个化学反应方程式：

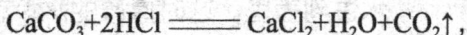

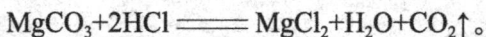

$$CaCO_3 + 2HCl =\!=\!= CaCl_2 + H_2O + CO_2\uparrow,$$

$$MgCO_3 + 2HCl =\!=\!= MgCl_2 + H_2O + CO_2\uparrow。$$

"你写的化学反应方程式没错。"我赞许地说，"我家里有一些药品和简单的器材，现在，我们就按照赵冉的方法试试，看看她说的方法有没有效果。"

一听说要做实验，书戒第一个跳了起来。他先从水壶里刮下了少量的水垢，放到试管里，然后倒入一些稀盐酸。不一会儿，就看到试管里产生了一些气泡。把试管放到火上加热时，气泡冒得更多、更快了，这说明化学反应进行得更快了。通过实验，我们证实了赵冉的办法是有效的。

"看来，盐酸除水垢确实有不错的效果——"我故意拖长了声音说道，"可是，这里面有个问题……"

"您是不是想说，除了水垢，盐酸也会跟金属发生化学反应？"德扬抢着回答，"不错，赵冉的办法虽然有效，但不太实用。由于盐酸会跟铁反应，生成氯化亚铁和氢气，因此，用这个办法，铁壶里的水垢固然被除掉了，但是盐酸也会腐蚀铁壶。如果你家里用的是铝壶，遇到盐酸也会发生反应，生成氯化铝和氢气，而且反应还更加强烈。因此，我觉得不能用盐酸来去除水壶里的水垢。"

"叔叔，辛德扬说的对吗？"听了德扬的分析，赵冉还是半信半疑。

"德扬的分析没错，不过，结论下得有点绝对了，不够准确。"我补充说，"去除水壶里的水垢，最好不要用盐酸，即使要用，一定要用浓度低于 5% 的稀盐酸。"

"那么去除水壶里的水垢应该用什么酸呢？还有什么酸合适呢？"赵冉喃喃自语。

"可以用食醋呀！"我告诉他们，"食醋含有酸性较弱的醋酸。为了减少食醋的用量，可以先用机械刮擦的方法，先把壶壁和壶嘴里的松软水垢刮掉，然后把食醋倒进壶里。再把水壶加热，温度维持在 60~70 摄氏度，可以加快反应的速度。这样一来，水垢就会变得越来越疏松，很容易清除。不过，如果水壶底部的水垢结得非常坚硬，那么要把它们去除干净还是会比较费事的。因此，我们要时常注意看看水壶里的结垢情况，不要等到水垢已经结得很多、很实的时候才想到去除。"

反复烧开的水到底能不能喝

就在这时，爱动脑筋、善于联想的德扬又提出了新问题："我们家在烧水的时候，每次水开了以后，我爸总是会告诫我'不要马上就拿下来，井水里的细菌很多，要等把细菌都烫死了再拿下来'。叔叔，我爸爸这个说法有道理吗？"

"亏你还是个'化学高手'呢，连这个问题都搞不懂！"书戒得意扬扬地说，"我看过的一本书上说，烧水的时间不能太长。一般来说，水里的各种细菌在100摄氏度左右就会被杀死了。如果你用的是普通水壶烧水，就算沸腾时间再长，也无

法提高水的温度，对杀菌也就没什么更大的作用。水开了以后继续加热只会让水越烧越少，除了费气费电，没有任何好处。"

"你爸爸这是在人为地制作'硬水'啊！"我开玩笑地跟德扬说，"书戎刚才说的没错。你想啊，水都已经开了，你还继续加热，那样水就会源源不断地变成水蒸气蒸发，而溶解在水里的盐类却不会因为受热变成水蒸气跑出来。这样，水里盐类的浓度不就会一直升高，水的硬度也就随之变高了吗？我看是你爸觉得你家的井水硬度不够高，还要人为地制作'人造硬水'！难怪你家泡的茶不好喝呢！"我的一番话把三个小朋友都逗乐了。等孩子们笑完了，我才接着说："'硬水'被浓缩，盐的浓度提高了，喝这种开水，就和喝蒸锅水一样，会危害人体的健康！"

"不会吧？喝蒸锅水对健康也有害？"德扬一听我这话，又紧张了起来，"我姥姥住在山区，那里常常缺水，她就老是喝蒸锅水。我妈有的时候也用蒸锅水来熬粥。"

"这个习惯从表面上看是节约用水，其实是不好的。这是因为，一般的井水和江河水里面常常含有微量的硝酸盐和亚硝酸盐，只不过它们的含量并不高，饮用后还不至于危害人体健康。可是，如果这种水在蒸锅里经过比较长时间的沸腾，水里各种盐类的浓度就会增加。喝了这种水，就会把里面含量较高的硝酸盐吃进肚子里，这种盐就会在人体的肠胃里面被还原成亚硝酸盐。而亚硝酸盐会破坏血液输送氧气的功能，使人心跳过快，造成呼吸困难，严重时甚至会导致死亡。除此之外，亚硝酸盐还会跟胺发生化学反应，生成亚硝胺，这是一种致癌物质！……"

"啊，没想到后果居然这么严重！"德扬听了我这番话，惊讶得张大了嘴巴。

"还有更严重的，"我接着说下去，"我国现在还有一些地区，尤其是那些地下水硬度比较高的地区，出现了地下水里的硝酸盐含量增高的现象。造成这种现象的主要原因是化学肥料用量增加而造成的环境污染。在这些地区，就更不能使用蒸锅水作为饮用水或熬粥、做菜了。"

"明白了。我回去后一定要打电话给姥姥，告诉她不要再喝蒸锅水了，还要跟爸爸妈妈也宣传一下您刚才讲的道理。"德扬一本正经地说道。

"没错，了解了科学知识，就要善于应用到生活中去！"我说，"我们现在用的自来水也是'硬水'，里面盐类的含量不少，不然水壶里就不会产生那么多厚厚的水垢了！所以呀，在用自来水烧水的时候，水开了以后千万不要烧太久了。至于蒸锅水，可以拿来浇花之类的，但不要再拿来喝了，不然可真是捡了芝麻丢了西瓜！"

"照这么看，饮用水的硬度还是要低点儿好。"书戎总结道，"所以嘛，蒸馏水就是最适合饮用的水了。"

我赶紧纠正他说："话可不能这么说，看问题可不能这么绝对。普通水里所含的钙、镁等元素，都是人体必需的元素。这两种元素有很大一部分是要从饮用水里摄取的。钙是人体骨骼和牙齿的主要成分，对维持心肌的正常收缩和促进血凝等都有很重要的作用，而适当摄入一些镁对预防心血管疾病等很有好处。所以，如果经常饮用硬度太低的水或者蒸馏水，对健康也没什么好处。"

"原来如此！真没想到喝水还有这么多学问！"书戒感慨不已。

我们几个就这样兴致勃勃地交谈着，还讨论起后天我们要讲些什么。

"你们有谁会炒菜做饭吗？"我问他们。

赵冉第一个回答，她大声地说："我会！以前妈妈教过我。"

"我也会，"德扬说，"有时候我妈家务太多了，忙不过来，我就会帮她做饭。"

"我只会一点点，"书戒有点不好意思地说，"我在家里只偶尔做过几次，手艺不好，做的菜不怎么好吃。"

"很好，这样吧，我们后天就专门谈炒菜、做饭和食物方面的化学问题。"我提议说，"我是这么计划的：明天我去买一些菜，后天你们都到我家来，咱们就来一个厨艺大比拼，每个人都下厨房露一手，边做饭边聊天。做完饭就举行'宴会'，边品尝美食边聊化学。怎么样？"

"太好了！就这么办。"赵冉兴奋地向两个小伙伴"下战书"，"书戒、德扬，后天咱们厨房里见！"她自信满满地说着，显然对自己的厨艺信心十足。

德扬微微一笑，回过头对我说："叔叔，您明天就不用买蔬菜了，我家的菜园里种了好多菜，后天我带一篮子过来。"

"好，那就一言为定，"我说，"后天上午 8 点准时来我家。"

蒸馒头的小窍门

为了今天的"宴会"，昨天我整整一个上午都在超市采购，买回了一堆猪肉、鲜鱼、鸡和豆制品，还有一些熟食制品，把家里的冰箱塞得满满当当的。

今天早上才七点四十几分，三个孩子就来敲门了。

德扬是第一个冲进院子的，他的手上提了满满一篮子新鲜蔬菜，有芹菜、豆角、西红柿和黄瓜等。"叔叔，快拿着！这些都是我爸今天一大早从我家菜园里摘的。"

"叔叔，我也有东西给您，"赵冉一边说着，一边递过来一个饭盒，"前天晚上，

我一回到家就让爸爸教我烹饪技术，我跟他说您今天要考验我们的厨艺，中午还要开'宴会'，一起品尝自己做的美食。他听完后也很高兴，说他一定要给我们准备一道好菜。喏，这饭盒里的糖醋排骨就是他昨天下厨做出来的。"

"可以啊赵冉，你有一个当二级厨师的老爸'开小灶'，看来今天的'食神'非你莫属啦，哈哈哈……"我对着赵冉打趣道。

"叔叔，我爸说您从小就喜欢吃花生，所以就让我提了一袋油炸花生米过来。"书戎边说边把背包递给我，"对了，包里还有十几个松花蛋呢。"

"好了，现在我们就可以一起来准备中午的'宴会'了。"我宣布，"主食嘛，就吃米饭和馒头。至于菜，就用现在我们手上的这些材料，'韩信将兵，多多益善'，尽量多做几个好菜！"

"叔叔，您不给我们分工吗？"赵冉问道。

"不用不用，你们各干各的，"我说，"厨房就好比是一个化学实验室，烹饪呢，就好像是动手做化学实验。所以你们干活的时候一定要积极开动脑筋，要合乎科学，记住，我可是会随时提问的哟。"

我把冰箱里储存的食物，还有德扬带来的蔬菜全部拿出来，让几个孩子各自挑选自己"拿手"的活儿干。然后，我又端出一盆已经发酵好的面和半盆大米。

"你们谁会做主食馒头和米饭？"我问道。

"我会！我来做馒头吧。"书戎眼疾手快，一把就从我的手里抢过发面盆。

"你真的会做馒头吗？"赵冉一脸怀疑地问。

"当然了！"书戎信心满满，"我在家的时候经常帮妈妈揉面。"

"好吧，那就交给你了，赵冉负责做米饭。"尽管我对书戎能不能做好馒头将信将疑，但还是决定给他一个机会，把装碱的纸袋递给他，"喏，把这个拿着。"

"哟，这面发得挺大的，"书戎把面拿到鼻子跟前闻了闻，一副很有经验的表情，说道，"看来得多放点碱。"

书戎把手里的纸袋拿起来，刚要往面里倒，突然发现了问题，他问道："叔叔，您拿错了，我妈在家里的时候放的是碱面，可您给我的是小苏打呀！"

"没拿错，就用小苏打。"

"对呀，"一旁的德扬也觉得奇怪，"我家里用的也是碱面呢。"

"哦，碱面的学名叫碳酸钠（Na_2CO_3），俗名叫苏打。而小苏打呢，学名是碳酸氢钠（$NaHCO_3$），也叫酸式碳酸钠。它们起的作用是一样的，都属于盐类。"

"盐类？"书戎好奇地问，"既然是盐类，那怎么又叫碱呢？"

"这是因为它们溶解在水里时，都会显示出较强的碱性，"我解释道，"碳酸钠和碳酸氢钠在水里溶解时，都会发生电离，会分别生成钠离子、碳酸根离子和酸式碳酸根离子，而碳酸根离子和酸式碳酸根离子又可以跟水进一步发生反应，生成氢氧根离子，于是就会显示出碱性。"我一边说着，一边拿起笔在纸上写下了两个反应方程式：

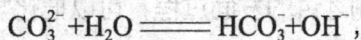

$$CO_3^{2-} + H_2O \Longrightarrow HCO_3^- + OH^-,$$

$$HCO_3^- + H_2O \Longrightarrow H_2CO_3 + OH^-。$$

写完以后，我接着说道："它们的区别在于，苏打的碱性比小苏打强一些，不过，小苏打在分解的时候，会产生更多的二氧化碳，而且不会破坏面粉里的营养物质。所以，其实做馒头等面食的时候，小苏打更适合。"

"嗯，我家里做馒头就是用的小苏打！"赵冉得意地说。

"对了，你们有没有想过，为什么做馒头的时候要放碱？"我问大家。

"那是因为要用碱去中和面里的酸吧。"书戒脱口而出。

"那么，面里的酸又是哪儿来的，它属于什么酸？"

书戒摇了摇头，说："这个我就不知道了。"

我看向赵冉和德扬，他俩也摇头表示不知道。

看到大家都答不上来，我只好说："一般我们发面，大多是利用酵母。我们经常使用的酵母有两种，一种是酵母厂选择纯菌培养的鲜酵母，还有一种是自己家里留用的发面'老肥'，我这面就是用'老肥'来发的。使用酵母发酵的时候，酵母菌就在面团里繁殖，分泌酶，在发酵的过程中，会产生二氧化碳和醇，还有乳酸等有机酸类。二氧化碳会让面团产生很多小孔，并且膨胀起来；面团之所以会带有很浓重的酸味，就是因为有机酸的存在。揉面的时候用碱，就是为了把这部分酸中和掉，去除面团的酸性，而且酸和碱发生反应后，也会释放出二氧化碳，可以让面团进一步膨胀起来。"

"叔叔，您刚才讲的发面过程，可以把化学反应方程式写出来吗？"德扬问道。

"哎呀，你怎么就知道方程式？"还不等我回答，书戒就插嘴了，"参加反应的物质那么多，怎么可能把反应的方程式写清楚？"

"其实还是能写清楚的，"我说，"当发生化学反应的物质有很多，而且反应又比较复杂的时候，我们就可以用符号表示主要的物质，简单表示反应过程，这有助于我们加深理解。你们看，我现在可以用 HA 来表示面团发酵产生的有机酸类，其中用 H 表示氢元素，用 A 表示有机酸的酸基。这样，我刚才说的在面团里放碱以后发生的中和反应，反应方程式就可以这样写：

$$HA+NaHCO_3 === NaA+CO_2\uparrow+H_2O。$$

对了，在蒸馒头的时候把火开大一点，可以使这个反应进行得更充分，蒸出的馒头也就会更蓬松，富有弹性。"

"叔叔，我该放多少碱呢？"原来，书戒在家的时候只是看过妈妈使用碱，并没有实际操作过，对于应该放多少量，他没有一点概念，犯起了难。

"这个嘛，很难给出一个准确的量，主要还是靠经验把握，"我回答说，"碱如果放得合适，面团闻起来就会有一点儿酒味，但不会带酸味或碱味；用手揉起来，会感觉有弹性，拍打起来虚实合度，有'砰砰砰'的声音；如果把面切开，可以看到切面有分布均匀的芝麻状小孔，用手抓面也不会粘手。但是如果碱放多了，闻起来就会有一股碱味，虽然抓它也不会粘手，但是会硬邦邦的，拍打起来听到的是'叭叭叭'的实声。"

"那叔叔您看我这碱放得合适吗？"

"我不看了，你自己把握吧。"

书戎的手脚还算麻利，没过多久就把馒头胚做好，放到蒸锅里蒸上了。蒸的时候，他不放心，一直站在锅边看着："叔叔，怎么有一股碱味呀？"

"是碱放多了吧？"

不出所料，20 分钟以后，赵冉把锅盖揭开一看，大呼小叫了起来："叔叔，书戎做了一锅'窝窝头'，全蒸黄了！"

"这该怎么办呢？"书戎紧张地自言自语，"我妈说过，碱放多了的馒头吃起来会发苦。"

"别慌，碱放多了也不要紧，咱们都是学过化学的人，可以'请'化学来帮忙。"我镇定地提醒他们。

德扬的脑子转得最快，听了我这话，他马上想到可以用食醋来中和碱，于是抢着说："我知道了，可以用食醋来中和碱！"但是，具体要怎么中和，他却说不出了。

"把醋直接倒在蒸锅里就行，"说着，我拿起醋瓶，往蒸锅里倒了二三两（1 两 =50 克）醋，盖好锅盖，点上了火，"就这样，用文火蒸十几分钟，醋酸就会不断挥发，跟碱发生中和反应，这样就可以把碱去掉，让馒头重新变白了！"

"哇哦，叔叔的办法真好！"书戎激动地说，"我妈肯定还不知道这招，我回去一定要教教她。"

淘米时为何要轻点搓

　　讨论完了蒸馒头的问题，德扬和书戎就分头去择芹菜和豆角了。书戎仔细地把择好的豆角掰成一段一段的，放在盛着清水的盆里。

　　赵冉则在一边淘米，她把米冲了两遍水，然后伸手在米里搅了几下，就算淘好了。

　　"赵冉，你也太随意了吧，就这么冲两遍水能洗干净吗？"书戎一边用不满的口气说道，一边从赵冉手里夺过盆，重新淘洗了起来。他又往盆里倒了一些清水，两手在盆里来回使劲搓米，搓了几下以后，清水很快就变成了乳白色。

"看，这米还这么脏！"

"你这样不科学！"就在书戒又换了一盆清水，还要继续搓米的时候，赵冉一把夺过米盆，"你这么搓，米里的营养全被你搓光了！"

"哎呀，多搓两遍，把米洗干净一些没什么不对吧？"德扬也在一边为书戒帮腔。

看着两个孩子互不相让，我不由得暗暗发笑。赵冉看向我，向我发出求助的眼神。

"赵冉淘米淘得挺好的，你就不用多管闲事啦！"我不紧不慢地对书戒说，"你呀，在家肯定没有煮过米饭，至少你刚才淘米的方法就是错的。"

"怎么样，我没说错吧？"赵冉的脸上终于露出胜利的微笑。

听我这么一说，书戒和德扬都睁大了眼睛，疑惑地看着我。

"你们知道吗？"我继续说，"大米的表皮里含有丰富的维生素 B_1、维生素 B_2 和烟酸等营养物质。它们都属于水溶性的维生素。科学家们研究发现，淘米的过程会让大米里面的维生素 B_1 损失 24%~60%，让维生素 B_2 和烟酸损失 23%~25%。刚才书戒那样使劲揉搓、反复淘洗，不仅浪费水，还会造成大量维生素的流失，费力不讨好。"

"照这么说，那我们都别淘米好了，这样维生素就不会损失了。"书戒嘴里嘟囔着，看上去还是不服气。

看着他这副神情，我哈哈大笑："没错，还真被说中了。告诉你吧，现在市场上已经推出了一种免洗大米，买回家以后，可以不用淘洗，直接下锅做饭。只不过这种大米还没有被大量推广而已，目前普通大米还是需要淘洗的。尤其是那些存放时间太长的大米，表面可能会生长出黄曲霉，它会分泌致癌的毒素。对于这种陈米，那就得多搓洗几遍了。可是我们现在吃的这种新圆粒大米，只要淘洗两遍就可以了。好了，赵冉你赶紧把饭煮了吧。"

"叔叔，我做焖饭吧？"

不等我开口，书戒又说道："别，还是做捞饭吧。好米焖出的饭黏糊糊的，肯定不好吃！"

"咦，叔叔刚刚才说过，好米淘洗的次数多了，会造成米里的维生素大量流失。你还做捞饭，经过加热，米里的营养成分不就全部跑到米汤里了，这不是白白浪费吗？多可惜呀！"德扬毫不客气地对书戒的话提出了质疑。

书戒自知理亏，不敢再争，只好压低了声音，小声地嘟囔了一句："你们爱做什么饭就做什么饭，反正我不吃，我吃自己做的馒头！"

赵冉开始做焖饭。我不大放心，特地嘱咐她说："这是好大米，不太容易吃水，你可别做成稠稀饭了。"

"我知道啦，叔叔您就放心吧！"赵冉大声地回答着，似乎是故意说给书戒和德扬听的。

做菜为什么不能早早加盐

　　我看德扬已经把芹菜择完了，就拿起了一块五花肉跟他说："这芹菜等会儿做的时候再洗吧，你先把这块肉做了。"说完我顺手把豆角盆里的水倒掉了。

　　"是做红烧肉还是炒肉片？"

　　"切成两半加盐煮吧，这样煮出的白肉会稍微带点咸味，吃的时候再蘸一点儿酱油，就没那么腻。"我回答说，"煮出的肉汤正好用来煮豆腐。"

　　德扬把肉洗干净，切好，跟作料一起放进砂锅里，点上了火，动作十分麻利。"哎呀，忘记放盐了。"说完，他就去拿盐罐。

"现在不要放盐！"赵冉在一旁赶紧制止。

"为什么？做肉哪能不放盐呢？"书戎不同意。

"是啊，早点放盐，咸味就早点进到肉里，会更入味啊！"德扬也附和道。

"不能这么早放盐，"赵冉坚持着，"我爸教过我，'做菜不先加盐'。不管是炒菜还是烧肉，盐都不能放得太早。"

"这是什么道理？"德扬和书戎不约而同地问。

赵冉张口结舌，答不上来了，原来她也是知其然而不知其所以然。看到她一副尴尬的神情，我只好又站出来帮她解围。

"我现在来做一个实验。至于锅里的肉嘛，就先不用放盐，先开小火煮着就好。"说着我拿出事先准备的"实验器材"：一个挖出心儿的大胡萝卜，一个中间插了一根长约 50 厘米的细玻璃管的软木塞。我先把一些红色的食盐水往胡萝卜里倒满，再用软木塞把胡萝卜的开口堵住，然后把胡萝卜直立起来，放在一个盛满了清水的大凉杯里。

三个小伙伴看着我这个实验，既兴高采烈，又感到有些摸不着头脑。"叔叔又在变戏法啦！"书戎低声地嘟囔着。

过了一会儿，我们看到有一根红色食盐水柱从玻璃管里缓缓升了起来，一直升到管子的顶端，最后从管子里溢了出来。孩子们看到这个奇特的景象，惊讶得合不拢嘴，马上就叽叽喳喳地议论起来。

"好神奇啊，食盐水为什么会自动往上升呢？"书戎问。

"我觉得是凉杯里的清水进入了胡萝卜。"德扬说出了他的猜测。

"那为什么只有清水进入了胡萝卜，食盐水就不能穿过胡萝卜，进入凉杯呢？"赵冉提出了她的疑问。

"你们是不是觉得很奇怪？"我不慌不忙地说，"原因在于胡萝卜的细胞壁。植物的细胞壁是一种半透膜，它具有一种神奇的本领，只会让某些物质的分子或离子通过，另一些物质的分子或离子则不能通过，也就是说，它具有选择性透过的特点。你们刚才看到的这个实验，胡萝卜的细胞壁只允许水分子透过，而食盐等溶于水生成的离子则无法透过。所以，能畅通无阻地穿过胡萝卜的半透膜的只有水分子。"

"那为什么从胡萝卜里进入凉杯里的水比从凉杯里进入胡萝卜里的水少呢？"书戎问。

"我想是因为凉杯里每毫升水里的水分子数比胡萝卜里每毫升食盐水里所含的水分子数多，对不对？"德扬低头思考了一阵，说出了自己的想法。

"你答对了，"我对德扬的看法表示肯定，"在这个实验里，我们把水分子穿过半透膜的这种现象叫作渗透，当半透膜两边的溶液浓度不一样的时候，就会发生渗透现象。如果根据溶液里所含溶质的浓度来看，水分子总是会从溶液浓度低的一面向溶液浓度高的一面渗透。当两边的溶液浓度相等的时候，渗透就不会再继续了。大多数植物和动物的组织，都会有这种半透膜的性质，而且渗透作用直接影响着植物和动物的生活。"

"哦，我想起来了，叔叔，您前几天来我家的时候跟我说过，种庄稼和养花的时候，都不能施太多肥，否则植物就会被'烧'死，这个也跟渗透作用有关系吧？"德扬马上回忆起了我们在 4 天前的谈话。

"没错，"我点了点头，"如果施肥过多，在植物根部的周围，化肥溶液的浓度就会大于根部细胞液的浓度，那么水分就会从植物的根里向外面渗透，从而导致植物失水枯死。这下，赵冉爸爸说的'做菜不先加盐'，你们应该明白其中的科学道理了吧？"说到这里，我把话题重新拉回刚才的问题。

赵冉说："假如在菜下锅以后马上就加盐，菜汤里盐的浓度较高，蔬菜里的水分就会向外渗透，本身的水分就会减少，这样，菜就不够鲜嫩好吃了。"

"说得很对，"我补充道，"'做菜不先加盐'，这是人们从烹调实践中总结出来的经验。其实，不管是炒蔬菜还是做肉食都一样。如果不着急放盐，在烹饪的过程中，水分就会向肉里渗透，会让肉变得蓬松、柔软，肉就容易炖得烂。如果肉刚下锅就放盐，水分就会从肉里向外渗透，肉里面的水分减少，越烧越紧缩，最后肉就会变得又硬又干，甚至煮到后面会变得咬不动、嚼不烂。"

"啊，我想起来了，"德扬突然想到了什么，打开了话匣子，"很早以前，我在杂志上看到过一篇短文，说的就是生活中的渗透现象，里面举了好多生活中的例子。比如，我们吃的蜜饯果品的表面，常常裹着一层浓厚的糖，有了这层糖，果品就能很长时间不变质。因为如果细菌附着在糖上面，它自己内部的水分就会通过它的半透膜向外渗透，细菌就会由于失水而干死。还有，我们如果吃了很咸的东西，就会感到口渴。这也是因为我们的胃里面溶液的浓度增加了，导致胃组织里的水分向胃里渗透，所以人体产生口渴的感觉，那是胃向我们发出的'信号'。"

"说得很好，"我打断了德扬的话，"'做菜不先加盐'的道理这回你们都应该搞懂了。"

铁锅和铝锅到底哪个有益于健康

说完我便掌勺烹饪红烧鸡块蘑菇。我刚将鸡块放进铁锅，德扬就指着厨房里的一个铝锅奇怪地问："叔叔，您为什么不用铝锅做呀？铝锅要轻于铁锅，铝的导热性又强于铁，所以用铝锅比铁锅要好很多啊。"

"谁跟你说的？"我追问了一句。

"商店的售货员是这样介绍的，"德扬回想说，"我家的铁锅在前段时间坏了，我跟妈妈一起去商店买锅，妈妈开始想买铁锅，耐不住售货员一个劲儿地宣传用铝

锅的好处，最终妈妈就买了铝锅。"

"嗯，售货员说的那些也是对的，"我想了想说，"不过，考虑到人体的健康，用铁锅要好于铝锅。"

"叔叔又要说我们没听说过的事情了，"书戎不怎么相信地说，"这锅跟健康能有什么关系？"

"我觉得这里面肯定有学问，"赵冉郑重其事地说，"我妈妈早就有换一个又轻又美观的铝锅的想法，可是爸爸总不赞同，说把铝吃到肚子里不好。"

"嘿嘿，你爸爸也讲得太玄乎了。"书戎用略带嘲笑的口气说，"从没听说过，吃菜还会把锅也吃到肚子里去！"

"哎，书戎，"德扬提醒道，"叔叔不久前跟我们说过，水作为一种常见的溶剂，接触到的各种物质或多或少都会溶解一点儿；即使是玻璃都能微量地溶解在水里，那么金属更可能溶解了。"

"德扬说得不错，"我分析说，"无论用什么金属锅炒菜，在盐、水、醋及热的作用下，还有铲子的搅动及其与锅的摩擦，菜里都会掺入微量的金属，被我们吃进肚子里。有人做过实验，用铁锅炒 100 克葱头，只是加油与加热 5 分钟以后，炒熟的葱头里的含铁量就比原来多一两倍。假如再加上盐与醋，同样加油与加热 5 分钟，含铁量就比原来高 15~19 倍。因此，经常吃用铁锅炒的菜，就可以吸收比较多的铁。"

"嘿，就算有那么微量的铁或铝掺到菜里，被我们吃到肚子里，对健康的影响也不大吧？"书戎满不在乎地说。

"这影响可大着呢！"我正经八百地说，"要明白，铁作为人体不可缺少的微量元素，一旦含量不足，人可能就会患缺铁性贫血。经过调查，随着铝制品的普遍推广，一些地方患缺铁性贫血的人增加了。这就可能跟家庭里炒菜做饭越来越少地使用铁锅有关系。"

"为什么缺铁会得这种病呢？"书戎认真起来了。

"因为造血的重要元素便是铁，"我简略地说，"人体里铁的含量虽然只占体重的 0.004%，可它是血红蛋白的重要组成成分。缺少它，血红蛋白就难以形成，进入人体的氧也就不能被输送到全身的各个细胞里去，这会导致生命受到威胁。如果血液里含铁量过低，就可能导致缺铁性贫血，少年和儿童缺铁还会造成意志力减弱，影响学习效果。"

"那么，铝进入人体究竟会产生怎样不好的结果呢？"书戎继续问，"既然不好，为什么我听说氢氧化铝可以治胃病呢？"

"的确，氢氧化铝可以做药，对胃病的治疗有效，但是铝元素不属于人体必需的微量元素。科学家认为，吸收过量的铝会对人体造成不好的影响。原因是它主要积蓄在肝、脾、肾与甲状腺及脑等部位，当聚积量比正常值高五六倍的时候，就会抑制消化道吸收磷，还会对胃蛋白酶的活性产生抑制作用，不利于人体的消化、吸收。研究还发现，人一旦患早衰，他们脑神经里的含铝量要高出正常人的 4 倍以上。因此，铝含量高了，人就会更快衰老。所以，要想健康长寿，用铁锅炒菜更好。"

"叔叔，那家里一直用铝壶、铝锅烧水与做饭，人体总会吃进一定的铝，如何才能防止它影响健康呢？"赵冉问道。

　　"你问的这个问题的确值得注意。当使用铝器时，最好不让食物，如粥、米饭等，存放在里面过夜，更不能长期贮存。另外，如果家里使用铝器较多而使用铁器较少，就可以有意识地多吃一些含磷与铁丰富的食物，如花生米、动物肝脏、蛋类以及豆类等，如此便能补充人体需要的磷、铁。"

鲜鱼巧除腥味后更好吃

焖好米饭，空出了一眼火。不过鸡块还没煮烂，占着铁锅。为了尽快炒其他菜，德扬建议道："叔叔，今天可否启用您的铝锅？不然不知道什么时候才能炒别的菜呀！"

"可以，"我开玩笑说，"今天咱们不怕吃点儿铝，因为咱们的'宴会'上不缺富含磷、铁的食品。"

我的话逗笑了德扬他们。

我取下铝锅问："鱼谁来做？"

赵冉可能故意想要考验一下书戎与德扬，便将目光投向他们两人。大概过了一

分钟，书戒与德扬还是一声不吭。见他们都不表态，她才不慌不忙地说："既然你们俩都不愿意露一手，那我就献丑啦。"

做鱼，尤其是要使鱼整肉嫩、味道鲜美、色香俱全，确实是一件有难度的事。看来赵冉是胸有成竹的。

"叔叔，这鱼红烧呢，还是清蒸？"

"嘿，不愧为二级名厨的丫头，点子还挺多呢！"书戒咕哝了一句。

"红烧吧。"

"好咧！"从我这儿拿过醋和酒的赵冉，就开始煎了起来。

"哎，赵冉，这做鱼跟吃饺子、包子不一样，怎么还要用醋？"德扬好奇地问道。

"你难道不知道鱼有腥味？"赵冉说，"醋是用来去鱼腥味的。"

"醋能去鱼腥味的原因呢？"书戒追问。

我猜测赵冉不能说清这个问题，便反问书戒："你知道醋主要是由什么组成的吗？"

"醋酸，"没想到书戒自信地答道，"在食醋里，醋酸的含量占 4%~6%。"

"带腥味的物质又是什么呢？"

书戒不作声了，德扬也在一旁愣愣地看着锅里的鱼。

"这带有腥味的物质为三甲胺，是一种带有碱性的较简单的有机物质。"我悠悠地说，"酸和碱相遇不是会发生反应吗？藏在鱼肉里的这种腥味物质原本是很难赶跑的，但如果做鱼加了醋，它便会与醋酸发生反应，生成易挥发的一种物质，乖乖地跑到空气里，这便达到去腥的目的啦！"

"用醋去腥味可妙啦，"赵冉补充说，"一旦菜刀切过生鱼和生肉，总会发出一股难闻的腥味、膻味。如果用醋去擦，味儿很快就没有了。"

"嘿，妙法！妙法！"德扬不由自主地连声赞叹。

"是啊，醋的确是好东西，家庭里不能少了它。"我继续补充说，"它可以促进食欲、增多胃酸、帮助消化。如果吃饺子与包子的时候蘸一点儿醋，食欲能增加。醋还能够溶解食物里的钙、磷与铁，使它们更容易被人体吸收，不信你们等会儿品尝赵冉带来的糖醋排骨，一定骨酥肉烂。醋还起到一定的预防感冒的作用，抑菌、杀菌效果也很好。"

"叔叔，做鱼时加酒的目的也是去腥味吗？"

"对的。三甲胺容易溶解在酒精里，做鱼时加一点儿酒，腥味便与酒精一起挥发掉了。"我进一步分析说，"做鱼时加酒跟醋，不但能去腥味，还巧妙地利用了酒跟醋的酯化反应，此反应能生成醋酸乙酯，醋酸乙酯带有水果的芬芳香味。"

我说话时，赵冉将酒倒进鱼锅里。没过多久，厨房充满了一股扑鼻的香气。"你们闻到了吗？这便是醋酸乙酯的气味。"

"嘿，好香！"书戎开心地说。

味精能调味但不能任性吃

做好鱼，蔬菜也炒好了。

"你们加味精了吗？"当德扬他们把菜端上来后，我问德扬与书戎。

"唉，手忙脚乱的，忘记了！"德扬说完就要往锅里倒本来盛好的芹菜，"我现在就加。"

"直接把味精加在菜盘里就行。"我制止说。

"加味精的目的是调味，"书戎说，"我们炒的菜味道好，不需要加味精。"

"你确定吗？"我问书戎，"你知道味精是由什么组成的吗？"

"好像是……是什么钠。"书戎吞吞吐吐。

"是谷氨酸钠。"赵冉随口而出。

"对。谷氨酸的钠盐是味精的主要成分，叫作谷氨酸钠。它由碳、氢、氧、氮和钠等 5 种元素组成。"我继续说，"蛋白质由 20 多种氨基酸组成，其中一种便是谷氨酸。用碱（氢氧化钠）中和谷氨酸以后就得到了钠盐。谷氨酸钠非常容易溶解在水里，它的含量只要有万分之几，就可以尝出鲜味。因此，味精是一种调味佳品，只要放一点儿在汤、菜里，就鲜味十足。"

"这不就是为了调味吗？"书戎胸有成竹地反问。

我朝书戎摇摇头说："味精不只是用作调味，还有比较高的营养价值。当味精进入胃里遇到胃酸，就能立刻转化成容易被人体吸收的谷氨酸。依赖于消耗氨基酸提供的能量，我们的大脑才能正常工作，而谷氨酸占所消耗的氨基酸的比例最大。因此我们可以这样说，味精为大脑工作提供了宝贵的能源。此外，谷氨酸还可以保护肝脏。经过加工的味精，可以制成药品（主要是利用味精的主要成分谷氨酸钠），用来治疗肝昏迷、神经衰弱以及记忆减退等病症。"

"可是，叔叔，我记得有人说过，味精吃得太多会致癌，对吗？"德扬认真地问。

"难怪你们做菜不放味精，原来是被癌症吓的！"我开玩笑道，"味精里没有任何致癌物质，这一说法没有科学依据。不过，如果食用过量的味精，确有可能使得骨骼生长缓慢，造成肥胖症以及视力减退等不良影响。"

"怎么算过量呢？"德扬又问。

　　"联合国粮农组织与世界卫生组织经过调查研究，共同规定了味精的食用标准：每天每千克体重食用味精不超过 120 毫克。根据这个标准来计算，假如你的体重为 50 千克，那么每天可以食用不超过 6 克的味精。这一标准实际上要远远高于我们平时食用的味精量，因此不必担心会有什么副作用。

　　"但是有一点倒是你们要注意的。味精的耐热性比较差，当温度达到 120 摄氏度以上的时候，它就会失去结晶水，变成一种不但没有鲜味还有一定毒性的物质。所以做菜的时候，不能过早地把味精放到锅里，最佳时间是在汤、菜将要出锅时加入。"

怎么吃大豆更科学

　　我一边把书戎带来的松花蛋拿出来，让赵冉剥壳、切开，一边端出一些黄豆芽。

　　"叔叔，现在又不缺蔬菜，您干吗发豆芽菜呀？"德扬有些奇怪。

　　"这是特意为今天的谈话准备的。"我开门见山地说，"大家都爱吃黄豆，就是大豆，可是你们不一定知道哪一种吃法更好。"

　　"无论哪一种吃法都是吃大豆里的营养物质，包括蛋白质、脂肪等，个人觉着怎么好吃就怎么吃呗，"书戎不怎么赞同地说，"例如我最爱吃的就是干炒黄豆，

嘎嘣嘎嘣的又脆又香，太好吃啦。"

"我爱吃煮黄豆，还爱吃老豆腐、豆浆。"赵冉说。

"干巴巴的炒黄豆不好吃，豆浆也不好喝。"德扬对书戎说，"黄豆芽很好吃，豆芽瓣儿清香，芽儿脆嫩，非常好吃！冬天我妈妈经常发黄豆芽。"

"大豆的吃法还是非常多的，不过究竟哪一种吃法更佳、更科学，这里面还是有差别的。"我进一步解释说，"大豆作为一种很好的蛋白质食品，含有的蛋白质大概占其全部营养物质的 40%。不过，大豆里含有抗胰蛋白酶，它会抑制人体里的胰蛋白酶的活性，导致我们吃的蛋白质较难被消化、吸收。如果黄豆进行干炒，这种酶很难被破坏，吃后会引起消化不良，吃多了还会拉肚子。"

听到这里，书戎笑了，声音很小地说："我还真的拉过几次肚子呢！"

"我说的对吧？"我继续说，"如果吃煮黄豆，情况就不同了。这是因为抗胰蛋白酶在湿热的条件下，非常容易被破坏，另外，煮的黄豆比较烂，吃下去容易被消化、吸收。可见，对比炒和煮，煮的吃法更好。"

"叔叔，我最爱喝豆浆，将大豆做成豆浆、豆腐，会不会更好呢？"赵冉希望找到理论支撑自己的爱好。

"人们长期以来都觉得，把大豆做成豆浆、豆腐以及豆腐制品，是较好的加工大豆的办法。实际上，根据新的研究，这些加工造成了除蛋白质外的大部分营养物质的流失，真正被利用的营养物质不到 10%。就拿人们普遍认为含大豆营养较全的豆浆来举例吧，它的制作过程主要是把大豆浸泡，接着磨碎、连渣一起煮熟，再过滤去渣。殊不知这里所滤去的豆渣里，含有非常多的植物纤维，还含有蛋白质、脂肪及钙、磷、铁等矿物质，它们是重要的营养物质。如何有效地利用这些营养物质呢？虽然不少人进行了很多的研究，但还是没能够突破这一课题。"我又补充说，"不过当下豆浆与豆腐制品受到了大家的欢迎。它们具有不低的营养价值，特别是豆浆，它的蛋白质含量很高。"

"对啦，提及豆浆，我还有一个疑惑，"赵冉说，"豆浆并不好煮，容易溢锅，原因是什么呢？"

"哦，这是因为豆浆里含有的一种有毒性的皂毒素在作怪。当豆浆受热达到大概 80 摄氏度的时候，皂毒素因受热膨胀变成泡沫上浮，看起来就像开锅了，不过是一种'假沸'。皂毒素与抗胰蛋白酶这些有害成分，当温度达到 90 摄氏度以上才能分解，成为无毒物质，因此假沸的豆浆并没有煮熟。假如喝了较多的这种豆浆，由于皂毒素的作用，可能会出现恶心、呕吐、头晕与腹泻等症状。"

"哟，"赵冉快速吐了一下舌头说，"以前我经常是一溢锅就关火，认为煮好了。还好喝得少，所以没有感到恶心、头晕。不过豆浆怎么才算是煮熟了呢？"

"应该在假沸以后，接着煮 15~20 分钟，才算真的煮熟了。所以煮豆浆的时候，锅里不能盛太多的豆浆，而且要小火慢煮，时刻注意，防止溢锅。"

此时德扬看着我发的黄豆芽，想起我刚才讲的"特意为今

天的谈话准备的”，机灵地说：“叔叔，将黄豆发成豆芽儿，肯定是最科学的吃法吧？”

“是的，”我回答说，“在发芽过程中，黄豆里含有的抗胰蛋白酶被去掉了，使黄豆里的蛋白质的利用率提高了5%~10%，并且发芽以后，黄豆里其他营养成分的含量也显著提高了，如胡萝卜素与核黄素会增加两三倍，维生素 B_{12} 甚至可以增加 10 倍多。另外，本来不含维生素 C 的大豆，在发成豆芽以后，‘无中生有’地包含了丰富的维生素 C。如果采用沙土发豆芽，维生素 C 的含量要高于用水发的好几倍。我就是用沙土发的豆芽，看，多鲜嫩、肥壮！”

“嘿，我爱吃豆芽，竟不知道这玩意儿含有的营养成分这么多、这么高！”德扬高兴地说，“我只会用水来发豆芽，叔叔，您可以教我用沙土来发吗？”

我拿出发豆芽的盆给德扬他们，并粗略地介绍了怎样发豆芽后说：“德扬去把这豆芽炒了吧。”

换一种做法，爱上菠菜

　　看到德扬炒豆芽，书戎又想起炒菜造成的营养损失，突然提出了一个有关菠菜做法的问题："叔叔，我妈妈炒菠菜时，总是将菠菜先在开水里焯一下，这样做营养会不会损失掉？"

　　"我爸爸炒菠菜也会先焯一下，"赵冉非常信任她爸爸，"还说这样菠菜就不涩了。"

　　"的确，先焯一下会导致一部分营养损失，但是也确有必要这样做。"我进一步解释说，"原因是菠菜里含有草酸，草酸不仅吃在嘴里有涩味，一旦吃进体内还

可能导致缺钙。研究表明，菠菜吃进人体以后，菜里的草酸会跟血钙产生化学反应，生成不溶性的草酸钙，不能被吸收的草酸钙排出体外，会降低人体里的血钙。所以，长时间吃菠菜，尤其是儿童，有可能造成缺钙，不利于健康成长。"

"叔叔，草酸钙如果排不出来，积累在人体里，会不会使人生病呢？"赵冉担心地问。

"会的，"我肯定地说，"一旦人体代谢产生了异常，不溶性的草酸钙会聚积成坚硬的'石子'，使人患肾结石。"

"这么说，最好还是不要吃菠菜喽，避免又软骨又结石。"书戎说。

"你的这种想法就是因噎废食，太绝对了。"我对书戎说，"实际上，菠菜的营养价值比较高，而草酸的去除并不难。因为草酸易溶于水，所以在做菜之前，先用开水焯一下切好的菠菜，就能去除大部分草酸。菠菜焯过水后再炒或者凉拌，既好吃又健康。"

赵冉说："记得两三年前，我在一本杂志上看过这样一篇文章，说因为菠菜含有草酸，而豆腐里富含钙，所以不能一起做菠菜与豆腐。叔叔，这种说法对吗？"

"这一说法不乏片面性，"我说，"认为菠菜和豆腐不能一起做的人，是认为菠菜里的草酸与豆腐里的钙相结合，会导致豆腐营养价值降低。不过，仔细分析便可知，豆腐里的钙大部分是人体不易消化、吸收的硫酸钙（$CaSO_4$），而草酸与这种钙结合，要好于让它进入人体与血钙结合。因此，菠菜和豆腐一起做，不但没降低豆腐的营养价值，相反，这样做还可以避免草酸危害人体，同时有助于菠菜营养价值的更好利用。"

　　"如果现在有菠菜，用煮肉的汤做成菠菜豆腐汤就好喽。"书戒说完就准备往肉汤里放豆腐。

　　"哎，书戒，现在先不做豆腐汤！"我制止他说，"我们先'开宴'，吃点菜，可以边吃边谈'健康长寿与化学'这一内容。等会儿吃米饭与馒头的时候再做豆腐汤。"

　　"好咧！"书戒将豆腐放下，拍拍肚子，"是该'开宴'了，一上午一直在忙活，这里面早已在唱'空城计'喽。"

　　"是的，你们俩也饿坏了吧？赶紧端东西吧！"我一面切买来的猪肝、猪肚、火腿肠等熟食，一面安排书戒他们一起动手，将菜碗与菜盘端上桌子，准备"开宴"。

第 2 章
健康长寿与化学

虽然我们的"宴席"没有山珍海味，但也荤素齐全，很丰富，桌子上摆满了大盘小碟。

"哎，叔叔，我看报纸上说健康长寿与化学也有关系，是吗？"德扬问。

"是的。人体实际上是由化学元素组成的，并且生命通过这些化学元素的新陈代谢得以生存，而从食物中摄取化学元素的比例也在一定程度上决定着一个人的健康长寿情况。人体作为一个'化工厂'，复杂而奇妙的化学变化每时每刻都在发生，这些微观变化的正常进行和相互间有机联系所形成的动态平衡体系，正是健康长寿的内涵。"我一边说，一边让小客人们快入座，同时从冰箱里拿出两瓶啤酒。

饮酒的化学道理

"叔叔,我不喝酒,"赵冉害羞地说,
"喝酒不太好呀!"

"我也不喝,"德扬直截了当地说,"学校《中小学生守则》上有规定,中小学生严禁吸烟、喝酒。"

"嘿,你这死心眼儿!"书戎朝德扬的后背拍了一下,大大咧咧地说,"这是啤酒,它跟饮料类似,喝一点儿没关系,不能算违反《中小学生守则》。"

"可是啤酒难道就不是酒吗?"德扬咕哝了一句。

我不赞同书戎的说法,也意识到自己

考虑不周，不应该拿出啤酒。灵光一闪，我想出了补救的办法："我赞同德扬说的话，中学生的确要遵守学生守则。正好冰箱里有几瓶汽水，你们以汽水代酒，和我干杯。"

书戎并不怎么满意我的主意，在他的印象里，喝点酒没有什么损害。他问道："叔叔，听我爸爸说，喝酒能加速血液循环，他喜欢在晚饭的时候喝一小盅。我爸爸说的对吗？"

"你爸爸说的是老话，"我考虑了一下回答道，"从古至今，我国人民就有在劳动之后喝一点儿酒有助于气血运行、解除疲劳的说法，酒也常用来配药。不过，饮酒并养成习惯却是有害的。调查研究显示，如果一个人大量饮酒，会提高死亡率，而且死于肝硬化、呼吸系统疾病及癌症的概率更高。"

"叔叔，饮酒也包含化学道理吗？"德扬好奇地问。

"这里面有不少生物、化学的道理。而最新的研究表明，饮酒对人体是没有任何好处的，青少年尤其不要饮酒。"

"那青少年饮酒不利于健康的原因是什么呢？"书戎不解地问。

"因为酒里的酒精会对黏膜上皮细胞造成损害，诱发各种炎症和溃疡，严重的时候，甚至会造成黏膜上皮细胞的突变，导致口腔癌或食道癌。因此任何人喝酒都不好，特别是青少年的口腔与食道的黏膜还很娇嫩，各种组织器官尚未发育成熟，酒精的危害作用更大。酒精还含有一定的毒性，人体主要靠肝脏解毒，然而青少年身体组织脆弱，肝细胞还未完全分化，饮酒会使得肝脾肿大，提高转氨酶活性，影响肝功能。患有慢性肝炎的人如果经常饮酒，慢性肝炎会发展成肝硬化。值得注意的是，当酒精随血液到达大脑以后，会导致大脑功能紊乱，更容易损害与抑制脑细胞，使得青少年智力发育迟缓、注意力涣散以及记忆力下降。另外，青少年的自制能力不强，在失去控制的时候，容易导致醉酒生祸。我们看了太多生活中这方面的反面事例，所以《中小学生守则》规定中小学生严禁喝酒是很正确的。青少年千万不要因好奇而喝酒，如果已经学会喝酒，最好马上改掉坏习惯。"

"对任何人来说，酒都不能算是一个好东西，"我告诫道，"个别年轻人沉迷饮酒，喝酒过度，会导致酒精中毒；有的中毒过深，呼吸与循环中枢被麻痹，会造成呼吸、心跳停止而死亡。"

小小食盐不可或缺

我边说边极力劝小客人们吃菜："你们不用客气，自己想吃哪样就夹哪样。"

赵冉吃了一筷子豆角："咦，这豆角怎么这么咸呀？"

豆角是书戒的"杰作"，所以他马上也夹了一筷子尝尝："糟糕，我应该是多放了一遍盐！"

"嘿，吃咸一点没关系，"德扬开始为书戒的疏忽辩解，"我们的生理卫生老师讲过，食盐是保证人能够正常生活、活动的重要物质。人一定得喝水，同时也一定得吃盐，这是因为生命是从含有一定盐

类成分的水溶液中起源的。现在人体的细胞要想生存下来，仍然必须生活在含有盐类的水溶液或者说体液里。"

"生理卫生老师的说法没错，但是它不能成为书戎疏忽的'辩护词'。"我说道，"人体由大量的细胞组成，它们都浸泡在体液里。很多与细胞生命紧密相连的物质，同样要靠体液来运输。所以，人们把这种体液称作'生命之海'。这个'海'不但含有蛋白质、脂肪与糖类等有机物质，还含有大多为盐类的无机物质，其中钠盐占大部分，钙盐和镁盐占少量。这些盐都以离子的形式存在于体液里，而且必须要保持一定的浓度，不能太高或者太低，否则都会造成人体生理功能紊乱，导致生病。"

"人体如此复杂，那么让这些盐类浓度保持恒定的方法是什么呢？"书戎感到这个问题有些棘手。

"要实现这一点，实际上就是要保持人体的水盐平衡……"

饮食　　　　**排出的液体（尿、汗）**

摄入量　　　　　　　　排出量

　　"叔叔，您的意思是应该使进入人体的水、盐的量等于从人体排出的水、盐的量吗？"赵冉理解了我讲的意思。

　　"对的，"我肯定了她的看法，继续说，"在很久以前，人们就了解到自己身体排出的汗、泪，甚至血液，都是有一定咸味的。17 世纪时，就有科学家加热蒸发了血液里的水分，然后将残渣烧成焦炭，接着烧成灰。将这些灰溶于水后过滤，再蒸干滤液，最后剩下的便是食盐。如今研究人员已经得出结论，每个成年人的身体里只有经常保持一定的盐分，才能实现血液的正常流动。而这种生理上需要的盐分，我们主要从饮食中摄取，多余的盐分通过汗或尿排出。也就是说，要使人体里的食盐含量恒定，摄入量就应该等于排出量。换句话说，排出得多，相应地就应该多摄入一些。"

　　"夏天天气热，我每次踢足球都出很多汗，回家妈妈总端来凉盐开水让我喝，不过我就是不喜欢喝这种有咸味的水。"书戒知道了自己的不对，"看来，还是要喝呀！"

　　"你妈妈的做法是正确的。"我说，"当大量出汗后，假如只是痛快地喝凉开水，只补水不补盐，便会造成人体盐分的缺失，会引起不良反应。此时最好喝凉盐开水或盐汽水。"

　　"现在是夏天，出汗多，菜做得咸一点并无大碍。"德扬又提起豆角过咸的事儿，"赵冉，你不用担心，多吃些吧！"

　　"都咸得发苦了，让人怎么多吃点？你要是觉得还不咸，可以去吃一勺盐！"

　　我知道赵冉不过在说气话，但还是认真地解释道："食盐是人体不可缺少的物质，但如果长期过量地食用食盐并非一件好事，它会导致人得高血压的。"

"吃盐过量引起高血压的原因是什么呢？"德扬认真起来了。

"因为人体里盐分增加了以后，为了维持水、盐平衡，水分也要相应地增加。这样，从心脏回流输出的血量也要随着增加，此时心脏周围的小血管扩张，造成血管平滑肌收缩，导致血管压力增大，最终导致血压升高。"

"那么每人每天最好吃多少食盐呢？"德扬又问。

"这很难确定统一的标准，"我回答说，"因为每个人身体情况不同，一年四季又有冷热的变化。不过，一般来讲，每人每天食用的盐量最好不超过 6 克。"

微量元素，双刃利剑

吃油炸花生米的时候，德扬发现花生米里的盐明显要细于做菜用的盐。

"叔叔，这里的盐为什么像面粉一样细？它跟做菜的盐、腌咸菜的大粒盐相同吗？"

"哦，这三种盐稍有区别，"我解释说，"食盐主要由氯化钠（NaCl）组成，还包括少量的氯化钾（KCl）、氯化镁（$MgCl_2$）与铁、磷、碘元素等。腌菜用的粗盐含有较多的氯化镁，有苦味，还含有少量泥沙，但是它也含有较多的碘。做菜用的是再制盐，这种盐也叫作精盐，它去除了粗盐里

的泥沙，因此色白且粒小。精盐含有较少的氯化镁，且含的碘也少于粗盐。花生米里放的细盐属于将精盐再进行加工而成的特制精盐。这种盐纯度更高，含碘量少。为了弥补精盐与特制精盐里含碘少的缺点，人们常常特意再加一点碘，形成加碘盐。"

"为什么一定要加碘呢？"书戒问。

"因为碘是人体必需的一种元素。你们对大脖子病有了解吗？这种病便是甲状腺肿，与身体中碘的缺少直接相关。

"如何吃才可以获得碘呢？"赵冉着急地问。

"我们一般是从水、食盐以及蔬菜里获得碘，而含碘量高的食品包括海带、紫菜、蛤蜊等海产品。在不能吃到海产品的地区，食用加碘盐便是一种防治甲状腺肿的有效办法。"

"叔叔，加碘盐是将碘元素直接放到食盐里吗？"赵冉又问。

"并非如此。通常情况是加入微量的碘酸钾（KIO_3）等含碘盐类，每千克食盐通常含 10~30 毫克碘酸钾。"

"哟，这么微量的碘，确定可以防治大脖子病？"书戒不太相信。

"哎，你可别小瞧这含量极少的元素，它起的作用可大呢！"我对书戒说，"你们了解吗？人体内共有几十种元素，微量元素指的是含量低于体重 0.01% 的元素。研究表明，人体必需的微量元素，除了碘以外，还包括铁、铜、锌、铬、锰、钴、硒、钼、氟、硅、镍等。缺了任何一种微量元素都会使人得病，特别是对生命极其重要的前 4 种。"

"微量元素太重要啦！"书戒不由自主地喊了起来，"叔叔，您能详细给我们讲讲吗？"

"当然能。"我愉快地答应说，"微量元素当中的一些'成员'，如铁等，前面我们在厨房里已经谈过了。为了节省时间，我们主要来说说铜、锌吧。"我喝了一口啤酒，继续说："虽然在人体里铜的含量极少，但是缺少了它，造血机能就会受到影响，导致人贫血；还会导致局部皮肤色素脱失，引起白癜风，因此有时候大夫就用硫酸铜来治疗这种病人。另外，缺铜还会导致头发早白、动脉硬化以及胆固醇水平升高等。

"存在于血液里的锌，会在红细胞和白细胞里与白蛋白相结合。人体里金属酶的组成以及酶的激活离不开锌，它可以协助葡萄糖在细胞膜上转运。如果小孩子缺锌，智力发育就会受到阻碍，还会出现反复的呼吸道感染等疾病。因此有人赞美'锌管控着生命之花的盛开与凋谢，智慧之果的萌发与夭折'。"

"为什么一丁点儿的微量元素能起那么神奇的作用呢？"德扬也很纳闷。

"人体是一个很复杂、完善的机体，有大的器官，也有小的'机构'，还有小小的'螺丝钉'。螺丝钉虽小，机器离了它就不能运转；微量元素虽微，但是在人体里起好几种重要作用。"我先说了总的，然后吃了两口菜，接着有条有理地说下去：

"第一，有的微量元素是人体里的催化剂——酶的组成元素，有的能帮助酶更好地发挥催化作用。人类已知的上千种酶大多含有金属成分，如抗坏血酸氧化酶、细胞色素氧化酶等就含有铜离子，缺少了铜，这些酶也就丧失了它们的催化能力。

"第二，它们是调节人体重要生理功能的激素或维生素的组成元素。缺少某种微量元素，激素或维生素就起不了作用。比如碘是甲状腺激素的组成成分，缺碘的时候，甲状腺激素分泌不足，容易导致大脖子病。

"第三，起输送普通元素的作用。比如血红素里的铁，就是氧的携带者。

"第四，能调节体液的渗透压和酸碱度，保证人体的正常生理功能。

"第五，在遗传方面起作用。我们知道，核酸是遗传信息的携带者，在核酸里含有相当多的微量元素，如铬、铁、锰、铜等。

"可见，人体需要的微量元素是多种多样的，而且含量过高或者过低对身体都有害无益。比如铁含量过高，会使人恶心、呕吐；铜含量过高，会引起中毒，甚至死亡。所以，为了保证各种元素的合理补充，使身体健康，我们的食物搭配一定要科学，不偏食、不挑食。"

"对啦，叔叔，您前面讲氟也是微量元素，妈妈说我家使用的含氟牙膏能防虫牙，这对吗？"书戎问道。

"这说法对某些地区是对的。"我说。

"为什么还要有地区限制？"书戎很不理解。

"这是因为，牙齿的基本成分是羟基磷灰石，它在口腔里的酸的作用下，能生成可溶性的盐，使牙齿不断受腐蚀，造成龋齿，俗称虫牙。含氟牙膏里面的氟离子能够置换羟基磷灰石里的羟基，形成难溶于酸的氟磷灰石，使牙齿变得光滑、坚硬。同时，氟还能抑制口腔里细菌的滋长和酶的活性，所以它有减少产生龋齿的可能。但是，氟的这种有益作用，只在含氟低的地区才能显示出来。"

"在含氟高的地区，人体含氟量高了，可能反而致病，对吧？"书戎开动了脑筋。

"对！在含氟高的地区，或由于水里含氟量高，或由于空气受到煤烟里氟的污染，都会使过量的氟进入人体，引起慢性氟中毒：轻的能造成氟斑牙，牙齿发黄，没有光泽，表面粗糙，或生黑点，容易折断脱落；重的还会使骨骼产生病变，导致氟骨病，造成残疾。"

"这个氟的'脾气'也真古怪，少了不行，多了也不行，那怎么才能控制得不多不少呢？"德扬问。

"这就要根据实际情况掌握用量，"我说，"在低氟区，无疑可以用含氟牙膏刷牙，还可以多吃些含氟比较高的海产品，以弥补身体含氟量的不足。但是，高氟区的人如果误认为含氟牙膏能医治自己患病的牙齿，也像低氟地区的人那样，选用它刷牙，就会火上浇油，适得其反，使牙病更严重。"

坏血病的克星——维生素C

"哎，咱们不是说边吃边谈吗？可是现在是光谈不吃，这不行！"我给赵冉夹了一块鸡肉，"来，尝尝我做的菜。"

"好，我们吃。"书戒夹了一块鱼肉，说，"我也尝尝赵冉的杰作。"

德扬夹了一筷子芹菜和一筷子凉拌粉皮黄瓜。

"你怎么不吃鸡肉、鱼肉呀？"我问德扬，"是跟叔叔客气吗？"

"不是客气，"德扬真诚地说，"在家的时候，我也一直喜欢吃蔬菜。"

"嘿，蔬菜有什么营养？"书戒说，"它

维生素C

们比起鸡肉、鱼肉、蛋差远啦，我就不爱吃蔬菜。"

"蔬菜怎么没有营养？"德扬伸出粗壮的胳膊，不服气地说，"瞧我的身体，比你棒多啦！"

"是呀，蔬菜里所含的维生素可丰富啦！"赵冉也不同意书戎的说法。

"我给你们讲一个故事吧，你们边吃边听。"我清了清嗓子说，"那是 18 世纪 40 年代的一个秋天，一只折舵断桅的帆船在波涛汹涌的大西洋里起伏打转，人们多次向它打旗语，都得不到回音。一艘葡萄牙商船费了九牛二虎之力才登上这只船，水手们看到的是一幅惨不忍睹的景象：50 多具尸体横七竖八地躺在船舱里和甲板上，散发着异味……"

"船上的海员为什么都死了呢？"赵冉神色紧张地插问。

"原来，船上的海员是被坏血病夺去了生命。在那个年代，欧洲出海的海员常常成批死于坏血病。据说仅 1593 年一年，英国死于坏血病的海员就多达一万人。"

"坏血病？"德扬说，"这种病不就是缺乏维生素 C 得的吗？"

"是的，"我点点头说，"经过许多年的研究，人们终于搞清楚，原来这些人都缺乏维生素 C。维生素 C 主要在蔬菜里含有，而这些海员整年整年吃不到蔬菜……"

"叔叔，我不怎么爱吃蔬菜，为什么没有得坏血病呢？"

"得了就晚啦！"我严肃地说，"我听你妈妈说过，你刷牙的时候，牙龈常出血，是吗？那很可能就是坏血病的初期症状！假如进一步发展，腿部会出现斑点，皮肤由黄变紫，全身关节疼痛，皮下出血；最后，呼吸困难，牙齿脱落，腿腹发胀，大量出血而死。不过，一般来说，你们不会有这种情况。因为你们至少还能吃不少水果吧，而水果里含的维生素 C 是非常丰富的。"

"坏血病真是怪可怕的！"赵冉惊恐地说。

"你们不必那么紧张，只要平时多吃一些蔬菜和水果，补充维生素 C，一般是不可能得坏血病的。"我继续说，"除了维生素 C 以外，人们所需要而且已经知道的维生素共有好几十种，组成了一个庞大的'家族'。人们根据它们的'年龄''性格''脾气'以及生理作用等特点，把它们分别叫作维生素 A、维生素 B、维生素 C、维生素 D、维生素 E 等。每一个'家庭'里的成员还可以按'年龄'排成'兄弟'。

"哦，我想起来了，"德扬说，"有一本书上说，维生素就是维持生命的要素。虽然它们在人体内的含量很少，但是神通广大，生命体失去了它们，就会死亡。"

"说得太好了，"我补充说，"人体需要的各种维生素，都是通过食物吃进去的。各种食物所含的维生素不同，这就又一次告诉我们，绝不能挑食、偏食。"

"叔叔，我以后一定改掉不爱吃蔬菜的坏习惯，"书戎夹起一筷子芹菜说，"那各种维生素都包含在什么食物里呢？"

"维生素家族"全接触

　　"好，我们先说说维生素'家族'里的'老大'维生素 A 吧，"我夹起一块鱼肉说，"维生素 A 最好的食物来源是动物性食物，如肝、乳制品、蛋和鱼类食品，鱼肝油里含量尤其丰富。根据化学结构，维生素 A 又叫视黄醇，它是保持夜间视力所必需的物质。缺乏维生素 A，人就会得夜盲症，还会得皮肤干燥症和眼干燥症。有趣的是，人体可以把植物里所含的胡萝卜素转化成维生素 A。因此，多吃含有胡萝卜素的食物，如胡萝卜、红薯、山药、玉米等，也可以补充维生素 A。"

"叔叔，您在厨房里告诉过我们，煮熟的蔬菜里的维生素会被破坏，那维生素 A 和胡萝卜素会不会也遭到破坏呢？"赵冉问。

"不会被破坏，"我说，"因为维生素 A 在水里的溶解度极小，而且热对它的影响也很小，在密闭的容器里，把它加热到 110 摄氏度，它仍岿然不动。"

"记得小时候妈妈总让我吃鱼肝油。叔叔，它除了含有维生素 A 以外，还含有别的营养成分吗？"赵冉又问。

"哦，鱼肝油除了含有维生素 A 以外，还含有维生素 D，不过含维生素 A 的量比含维生素 D 的量多约 10 倍。"我说，"维生素 D 是捕捉磷、钙的'能手'，能促进钙和磷在肠道里的吸收，对小儿骨骼的生长极其重要，能有效地预防小儿佝偻病。因此，医生常给缺钙的孩子服用鱼肝油。维生素 D 的丰富来源还有动物肝脏、牛奶、蛋黄等食品。"

"好，我也来增加点维生素 A、维生素 D。"书戎夹了两片猪肝，调皮地说。

"叔叔，您刚才说的维生素 E 有什么作用？"德扬问。

"维生素 E 大家比较生疏。它又叫生育酚，主要对生育起作用，是胎儿和婴儿生长不可缺少的物质。此外，它还能抑制衰老。科学家认为，它的这种防衰老作用，是由于它能防止细胞膜里的磷脂过氧化。维生素 E 的良好来源是植物油、绿叶菜、小麦胚芽、豆类和蛋类。"

"对啦，叔叔，我的一个表妹在动手术以后，大夫给她吃过一种叫维生素 K 的药。这种药有什么作用呢？"赵冉问。

"哦，维生素 K 是止血的'功臣'。它是一种有凝血功能的物质，所以又叫凝血维生素。人缺少了它，伤口出血就止不住。维生素 K 的动物性来源有肝脏、蛋黄等，植物性来源有绿叶蔬菜、植物油等。"

书戎也提出了问题："叔叔，我淘米的时候，您怪我把维生素 B_1 和维生素 B_2 冲洗掉了。人为什么不能缺少这些维生素？"

"维生素 B_1 和维生素 B_2 只是维生素 B'家庭'里的'老大''老二'。这个'家庭'有 17 个'兄弟'，它们分别主要存在于蔬菜、水果、肉、谷物里。因为它们都易溶于水，所以在冲洗的时候会溶到水里，烧煮的时候会溶到汤里。另外，受热的时候它们容易被破坏，所以不宜在高温下长时间烧煮。

"维生素 B_1 的主要功用是抗脚气病，另外还能促进胃肠的蠕动，增进食欲，防止便秘。由于维生素 B_1 可以治疗醉汉的酒精性痴呆，有人还把它叫作'道德维生素'。

"维生素 B_2 又叫核黄素，它存在于细胞核里，可帮助细胞呼吸，促使细胞氧化糖类、脂肪、蛋白质等主要营养素，放出能量，维持细胞正常活动。人缺乏维生素 B_2，就会出现嘴角发炎、眼睛红肿、视力衰退、口唇出血等症状。

"维生素 B'家庭'里还有一位赫赫有名的抗贫血'能手'，叫作维生素 B_{12}。它是制造红细胞的主要催化剂。人体缺少了它，就不能生产红细胞，容易得恶性贫血。不过，在一般情况下，人体不会缺少维生素 B_{12}。因为人体的结肠里，有一种能专门制造它的细菌，源源不断地供应人体的需要。在食物里，动物肝脏含的维生素 B_{12} 比较丰富。"

"好咧，我再来增加点维生素 B_{12}。"书戒又夹了两片猪肝，津津有味地嚼了起来。

这样吃糖才健康

　　"这糖拌西红柿真棒！"赵冉一连舀了两勺，啧啧地称赞。

　　"看来你一定很喜欢吃糖喽，"德扬警告说，"小心糖吃多了长虫牙！"

　　"我是爱吃糖，可我的牙还挺不错呢！"赵冉不相信地说。

　　德扬刚好看过一篇《说糖》的科普文章，所以他一本正经地说："这可能和你勤刷牙有关。吃糖以后，口腔里的糖在细菌的作用下会生成酸，就为龋齿的产生创造了条件。小孩一般爱吃糖果，又不好好刷牙，所以 80% 以上的儿童都患有程度不

同的龋齿。我看还是要少吃糖，尤其是睡觉以前不要吃糖。如果在晚上吃了糖，就必须刷过牙后再睡觉。另外，文章里还说，有胃病的人糖吃多了，会引起胃酸过多。嗜好甜食的人易发胖……”

“照这么说，吃糖对身体没有好处喽。”书戎怀疑地打断了德扬的话。

“哎，怎么能这样说呢？你没注意吗，德扬说的都是吃糖过多或吃糖以后不注意口腔卫生的情况。”我对书戎说，“糖类对于人的生活是很重要的。糖类进入人体后和氧发生反应，慢慢地放出能量，供人体使用。我们吃的米饭、馒头里含有的大量淀粉，就是人体所需要糖类的主要来源。因为淀粉本身就是许许多多葡萄糖分子起化学反应形成的巨大分子。淀粉进入人体经过消化以后，会变成葡萄糖，葡萄糖被吸收到血液里就是血糖。大脑的代谢过程要依靠血糖供应能量。”

“叔叔，上午最后一节课，有时候肚子饿了，脑子也不好使了，是不是跟血糖少了有关系？”

“是的，”我继续说，“当血糖降低得比较多的时候，人就会有饥饿、四肢无力、思维迟钝等感觉。进一步降低就会面色苍白、心慌、多汗，出现低血糖症状，严重的时候甚至会发生低血糖昏迷。青少年正处于长身体时期，适当多吃一些糖是可以的。”

“葡萄糖和红糖、白糖不一样吧？”赵冉小声地咕哝了一句。

“是不一样，我吃过，”书戎有亲身体会，“葡萄糖远不如白糖、红糖甜，而且价钱还贵一些。"

"这不是主要的！"我解释说，"在化学上，它们同属于糖类，又叫碳水化合物。葡萄糖是一种单糖，它的分子式是$C_6H_{12}O_6$；还有一种单糖叫果糖，是糖类中最甜的糖。葡萄糖和果糖发生化学反应形成一种二糖（也叫双糖），就是蔗糖。蔗糖是把甘蔗或者甜菜的汁液经过蒸发制成的。蔗糖直接蒸发得到的是红糖，要是把红糖里的色素等物质分离出去，就得到雪白的白糖了。"

"哦，原来红糖和白糖都是蔗糖！"书戎恍然大悟地说，"那么它们对人体的营养作用也一样吗？"

"还真是不完全一样，"我说，"白糖是更纯净的蔗糖，它经过精制，虽然外观好看了，可是营养成分也被丢掉了不少。比如说，红糖里含有的铁就比白糖多一倍，另外，红糖里还含有锌、锰、钙、铜等多种微量元素，还有胡萝卜素、维生素 B 等。因此，我国人民历来就有把红糖作为药用食物的习惯。"

粗粮配细粮营养更合理

这时，赵冉要求吃米饭了。我打开锅一看，赵冉焖的米饭还真不错，软硬合适，香气扑鼻。她自己盛了一碗，边吃边说："叔叔，刚才谈维生素，我还想提一个问题，能说维生素是维持人生命最主要的营养物质吗？"

"不能这样说，"我肯定地说，"保障人体健康、维持人正常发育和生活的营养物质，我们已经谈到过一些，主要有蛋白质、糖类和无机盐等。当然，维生素也是不可缺少的重要物质。这些物质，人体主要通过粮食、蔬菜、油脂、肉类、食糖

以及食盐等得到。这里面居首位的还是粮食，因为粮食里或多或少都含有这些营养物质。所以，我们的饮食选择什么粮食作为主食，是非常重要的。"

"我家总喜欢买精制的大米和洁白的富强粉做主食，"书戎抢先说，"叔叔，它们的营养丰富吧？"

"我家却不是这样，"赵冉说，"爸爸经常买一点儿粗粮，还对我说要养成粗粮、细粮都吃的习惯。"

"过去我们农村多吃粗粮，这几年生活富裕了，大家也都爱吃白面、精米了。我看精米、白面是好东西，价钱不是也比粗粮贵吗？"

"哎，你这话就不完全对喽，"我对德扬说，"在我国，粗粮主要是指玉米、高粱等，细粮是指稻米和小麦。细粮还有普通加工和精制加工的问题。粗粮和普通加工的细粮价钱比较便宜，有人就误认为它们的质量不高。其实，从化学的角度看，选择粮食应该看它的营养成分，而不应该看价钱。"

"叔叔，不管怎么说，跟粗粮相比，精米、白面总还是又好看又好吃，"德扬坚持说，"现在我们农村，也没有谁家请客人吃饭给人端窝窝头的了。"

"你还是只看表面现象，"我解释说，"实际上，好吃的食物不见得营养价值高。就拿维生素 B_1 来说，在米糠和麦麸里的含量就比较高。从这个意义上讲，应该说'食不厌粗'而不是'食不厌精'。一般来说，深色的食物比浅色的食物营养更丰富。有人由于只吃精米，又不注意多吃蔬菜，结果缺乏维生素 B_1，就得了比较严重的脚气病。当然，如果提高烹调技术，把粗粮食品做得精细、可口一些就更好了。对啦，你们谁家有吃玉米面的习惯？"

"我们家常买玉米面，用它做稀饭可好吃啦。"赵冉喜滋滋地说。

"以前我们家经常吃玉米面窝头、饼子，都吃腻了。现在可好了，跟窝窝头说再见了！"德扬风趣地说。

"按我看，还是不要跟玉米面说再见，"我接过德扬的话说，"过去我国北方把玉米面当作主食，一年到头总是吃这一种粮食，制作方法也单调，加上蔬菜、肉类都少，难怪大家说吃腻了。现在细粮虽然多了，但是为了健康，还是应该多种食品搭配，吃一定数量的玉米面、高粱米等粗粮，因为它们的营养价值确实很高，特别是玉米面，还有防治多种疾病的作用呢！"

"玉米面还能防病、治病？"我的话又引起了书戎的好奇心。

"是能治病的，"赵冉插了一句，"我爸爸有高血压，他就常吃玉米面。"

"怎么样，不假吧？"我对书戎说，"玉米里含有胡萝卜素，这是精米、白面里所没有的。它含有的维生素 B_1、维生素 B_2 和维生素 C 也比精米、白面多。至于脂肪的含量，玉米比精米、白面高五六倍，而且玉米脂肪里还含有能够降低血清胆固醇、防治高血压和冠心病的物质。就蛋白质的含量而言，玉米也比白面、精米高。玉米里还含有比较多的镁，而镁具有一定的防癌和维持心肌正常功能的作用。你们看，玉米所含的营养多么丰富！"

"您把玉米说得那么好，它就没有什么缺陷了吗？"书戎问。

"玉米的缺陷也是有的。玉米的蛋白质组成缺乏色氨酸，而且赖氨酸的含量也很少。而色氨酸和赖氨酸是人体必需的氨基酸，人体自己不能合成，只能从食物里摄取。但是食用玉米的时候如果配点大豆，这个缺陷就可以得到弥补。我国北方就有这个习惯，在粮店里还常有掺大豆粉的玉米面卖呢！"

书戎眼尖，他一扭头看到我家墙角里放着一堆白薯："叔叔，这白薯也是粗粮吧？它的营养价值高吗？"

"哦，白薯可是好东西，"我赞叹地说，"它跟玉米面不同。它既甜又好吃，营养价值也很高。它除水分外，还含有淀粉和纤维素。纤维素可以预防便秘和肠道疾病，这是精米、白面无法相比的。白薯里还含有人体所必需的赖氨酸、维生素（如维生素 A、维生素 B_1、维生素 B_2、维生素 C 等）、糖类、粗蛋白质和钙等营养成分。白薯能给人体提供大量的黏蛋白，黏蛋白对人体有特殊的保护作用。有的地方还把白薯叫作'土人参'呢！"

"我最爱吃白薯了！"书戎喜形于色地说，"不过有时候吃了以后会泛酸，胃觉得不大好受，这是怎么回事呢？"

"那是你贪嘴，吃多了！"我开玩笑地说，"因为白薯里的淀粉在人体里酶的作用下转化成了糖，会刺激胃酸增多，所以吃白薯要适可而止，或者在吃的时候配一些蔬菜，就会减轻甚至消除泛酸现象。"

"好，以后我家吃粮一定让妈妈粗细粮搭配，既吃精米、白面，也吃玉米、白薯。"书戎像下保证似的说。说完他拿起一个馒头吃了起来，还给德扬拿了一个。

营养丰富的肉、鱼、蛋

我看书戎他们吃米饭、馒头了，就赶紧去用煮肉的汤做豆腐。我一边做一边说："现在你们可以多吃点肉、鱼、蛋，千万别客气！"

"我可一点儿也不客气，"书戎故意依次夹了一些鱼肉、鸡肉和鸡蛋，最后夹了一大块瘦肉，"我就爱吃这些营养丰富的东西。"

"嗬，你也讲起营养来啦？"我问书戎，"你知道肉、鱼、蛋里都含有哪些营养物质吗？"

书戎抬头凝视了天花板片刻，然后挤

牙膏似的说:"肉里含脂肪多,蛋里含蛋白质多,这鱼里嘛……鱼里嘛……"他吭哧不出来了。

"你呀,光知道爱吃瘦肉、鱼、蛋,可真要讲它们的营养价值就一知半解了!"我说着把豆腐汤端到桌子中央。

"叔叔,您就给我们讲讲吧,"书戎不好意思地恳求说,"我真的说不清楚。"

"好,我讲,"我边喝啤酒边说,"肉类通常包括畜肉(如猪肉、牛肉、羊肉等)和禽肉(如鸡肉、鸭肉等)。肉类一般含 10%~20% 的蛋白质,能够供给人体优良的蛋白质,补充谷类等植物性蛋白质里氨基酸的不足。肉里脂肪的平均含量是 10%~30%,能供给人体大量的能量。肉和内脏器官,尤其是肝脏,能供给人体多种维生素和无机盐。而且肉的味道鲜美,能烹调成品种众多的菜肴,又能增添蔬菜的风味,增强食欲。因此,在我们的食物中,肉类占有相当重要的地位。在我国,随着人民生活水平的提高,人们对肉类的需求量也越来越大。

"鱼类通常指水产动物食品。它的营养价值和肉类相似,一般含 15%~20% 的蛋白质,也可以供给人体优良的蛋白质、维生素和无机盐。鱼类的脂肪含量虽然在 5% 以下,但是它大部分由不饱和脂肪酸组成,人体对它的吸收率高达 95%。海鱼的肝脏还是做鱼肝油的原料。

"蛋类含的蛋白质是营养价值最高的一种动物性蛋白质,它是人体优良蛋白质的重要来源,能补充谷类和豆类蛋白质里氨基酸含量的不足。蛋类的脂肪含量是 11%~16%,主要集中在蛋黄里。蛋类脂肪在常温下是液体,容易被人体吸收。蛋类脂肪里的卵磷脂，是组成人的神经组织的重要成分。有的资料指出，有计划地吃一些蛋黄，对保持良好的记忆力很有帮助。此外，蛋类还含有钙盐、磷盐、铁盐等重要的无机盐。"

"蛋类还含有脂肪？"书戒怀疑地说，"我在吃煮鸡蛋、鸡蛋羹的时候，怎么没有发现呢？"

"蛋类当然含有脂肪啦，"德扬说，"煮熟的咸鸭蛋的蛋黄，常常流出许多油，这不就是证据吗？"

"为什么咸鸭蛋里才有油呢？"书戒仍然不明白。

我纠正书戒的话说："不是咸鸭蛋里才有油，而是所有的蛋类都含有脂肪。拿鸭蛋来说，99%的脂肪分布在蛋黄里，整个鸭蛋黄大约有 1/3 是由脂肪组成的。由于蛋白质是一种很好的乳化剂，它能把蛋黄里的脂肪分散成非常细小的油滴，你吃的时候当然就发现不了啦。"

接着我又解答书戒提出的问题："可是鸭蛋腌过以后情况就变了。因为盐能够对蛋白质产生'盐析'作用。作为乳化剂的蛋白质被'盐析'出来以后，夹杂着大量细小油滴的乳浊液被破坏了，于是小油滴就聚集成大油滴，一经煮熟，整个蛋黄就变得油汪汪的，甚至淌出油来。这就如同牛奶里含有脂肪，平时你不容易察觉，但是当你加进一些盐以后，奶油就从牛奶里分离出来一样。"

蛋白质也分三六九等

"你们怎么不吃我炒的西红柿炒鸡蛋呢？"书戎舀了一勺给德扬，"来，尝尝我的手艺。"

"嗯，行，还挺香的，"德扬边吃边称赞说，"不像豆角咸得都发苦了。"

"你们一定都爱吃蛋类食品吧？"我有意把话题引到蛋白质的功用方面上，"蛋类的主要营养物质是蛋白质，对人体，甚至对任何生物体，都有非常重要的意义。可以这样说，世界上正是因为有了蛋白质，才有了生命……"

"蛋白质这么重要呀？"嘴里嚼着一

大口鸡蛋的书戎说。

"是的。蛋白质的名称起源于希腊文，原意是'第一位'。确实是这样，它是生命活动的物质基础，是生物体的主要组成成分。在人体里，蛋白质的含量仅次于水分。人的大脑、神经、皮肤、肌肉、内脏、血液，甚至头发、指甲，都主要是由蛋白质组成的。身体的发育、成长，组成新的组织，成长后组织的不断更新，受了损伤的组织的自动修复，都离不开蛋白质。"

"叔叔，蛋白质的重要性我知道了，可是蛋白质究竟是一种什么样的物质，它由什么东西组成呢？这些我还不大清楚。"

我喝了一口啤酒，吃了一块松花蛋，然后慢悠悠地说："哦，这个问题不是一两句话就可以说完的。蛋白质是一种很复杂的有机化合物。人体里的酸或者酶可以把蛋白质水解成氨基酸。氨基酸就是组成蛋白质的基本物质。组成食物蛋白质的氨基酸共有 20 多种。在这些氨基酸中，有一部分可以在人体里合成，叫作'非必需氨基酸'；但是，有 8 种是人体所不能合成，或是合成量极少，满足不了人体的需要，必需通过食物供给的，这就是'必需氨基酸'。必需氨基酸除了色氨酸和赖氨酸，还有苯丙氨酸、苏氨酸、亮氨酸、蛋氨酸、缬氨酸、异亮氨酸。根据含有必需氨基酸的种类和数量，在营养学上，蛋白质常被分成三类：

"第一类叫作完全蛋白质。它含有全部必需氨基酸，而且数量充足，比例合适，能促进儿童发育、成长，维持人的身体健康。

"第二类叫作半完全蛋白质。它含有比较全的必需氨基酸，但是数量不充足，比例不合适，不能促进发育、成长，只能起维持生命的作用。

"第三类叫作不完全蛋白质。它含有的必需氨基酸不全，要是只食用它，既不能促进发育、成长，也不能维持生命。"

"这三类蛋白质都包含在哪些食物里呢？"赵冉问道。

"含第一类蛋白质丰富的食物是鱼、肉、蛋、乳品和大豆等，第二类蛋白质有大麦里的麦胶等，第三类蛋白质主要包含在肉皮、筋、蹄和豌豆等食物里。"

"好咧，我再来补充一点完全蛋白质。"书戎朝德扬做了一个鬼脸，拿起已经放下的筷子，又夹了一块鱼肉放到嘴里。

酸奶的秘密知多少

我把杯里剩下的小半杯啤酒一饮而尽，盛了半碗米饭以后，边吃边说："牛奶里面含有丰富的完全蛋白质，你们平时喝牛奶吗？"

"喝，"德扬放下碗筷说，"我们课间加餐，每人喝一瓶酸奶。"

"我除了在学校喝酸奶外，每天早晨还喝一瓶鲜牛奶。"赵冉也放下碗筷说。

说到牛奶，书戎提出了一个新问题："有一次，我家的鲜牛奶放坏变酸了，爸爸想煮一煮喝了，可是妈妈叫他倒掉，两

人就争论了起来。爸爸振振有词地说'怕什么，街上还专门卖酸奶呢！'最后还是妈妈厉害，抢过奶瓶把坏奶倒了。叔叔您说酸奶和放坏变酸的牛奶相同吗？"

"酸奶和变坏的牛奶当然不同喽！"我解释说，"牛奶的变酸、变坏，是由腐败菌污染造成的。这种腐败的牛奶有难闻的气味，还有凝块和析出的乳清。从化学成分来讲，牛奶腐败后会由蛋白质分解生成硫化氢、硫醇、吲哚、粪臭素等，这些物质对人体已经没有好处了。假使牛奶里混入了病菌，吃了还可能中毒、闹病。所以，变坏的牛奶就不应该再喝了。而酸奶跟坏奶截然不同，它是奶里的蛋白质彼此聚集而成的。把酸奶和坏奶混为一谈，这可是大误解。"

"那酸奶又是怎么做成的呢？"赵冉很喜欢喝酸奶，我的解释又引出了她新的问题。

"哦，酸奶是用鲜牛奶作为原料，经过消毒以后，加入乳酸菌发酵制成的。它清香宜人，酸甜可口，凝结也很均匀，像豆腐脑一样嫩，不但含有鲜牛奶的营养成分，而且还含有大量的乳酸和乳酸菌。"

"叔叔，乳酸菌进入人体，会不会对人不好？"书戎担心地问。

"怎么，一听'菌'字就害怕啦？"我笑着说，"乳酸菌是一种能使糖类发酵产生乳酸的细菌，而乳酸具有调味和防腐等作用。所以，把乳酸菌吃进人体是有好处的。"

"叔叔，我记得有一本书上说，喝酸奶可以长寿，这是真的吗？"德扬问道。

"这是俄罗斯的一位学者首先提出的看法。"我放下碗筷，讲了一段酸奶的历史故事，"那还是在 20 世纪初期，俄罗斯有一位荣获诺贝尔生理学或医学奖的学者，名叫梅契尼科夫。他发表了一篇论文，说人的衰老是由于肠道里的腐败菌所产生的毒素引起的。而常喝酸奶，酸奶里的乳酸菌在肠道里生长繁殖，能抑制和杀死肠道里的腐败菌，降低它们产生的毒素引起的中毒作用。因此，喝酸奶可以预防衰老，不能说能延长寿命。

另外，酸奶还有刺激胃酸分泌、增进食欲、增强消化能力等作用。"

"嘿！我真是'有眼不识泰山'，没想到酸奶这么好，"书戎拍了一下桌子说，"我不大喜欢喝酸奶，本想下学期开学以后不喝了。经叔叔这么一说，我还得喝下去。"

我一看表，已经快下午三点了。"嘿，咱们吃了一次马拉松式的午餐。来，快收拾一下，吃冰镇西瓜吧。"

吃西瓜的时候，我们商量了下次谈话的内容。赵冉说："这次讲了吃和营养，下次就讲讲穿着吧。"

我说："也好，不过现在的衣料很多是人造纤维，在讲人造纤维之前，我们先讲讲塑料和橡胶。"

　　由于赵冉再三恳求下次谈话在她家进行，我们就都同意了。

第3章
合成材料与化学

　　书戎和德扬比我先到达赵冉家。我刚一进门就看到他们正在忙碌地布置"展览会"。只见桌上摆满了五颜六色的塑料和橡胶制品。有各种大小的塑料袋，颜色不一的塑料布，塑料雨衣和雨伞，塑料梳子、塑料肥皂盒和各种塑料杯、盘、壶，一套大中小的塑料盆，塑料铅笔盒和各种塑料玩具，塑料电线、电木插座、插头，搓澡用的泡沫塑料，包装电视机的硬质泡沫塑料，还有各种人造革制作的书包、手提包、旅行袋、文件夹，以及橡皮管、热水袋和擦铅笔字迹的橡皮，等等。地上还堆放着一些塑料鞋和拖鞋、胶鞋，还有一个塑料水桶。

　　"哟，你们这是在办'展览会'吗？这是谁的主意？"

　　"赵冉的主意！"书戎和德扬异口同声地说。

　　"叔叔，我这都是跟您学的。"赵冉抿着嘴唇，低着头有点儿害羞地说，"东西放在那儿，谈起来的时候更直观一些。"

　　"很好。"我拉了一把椅子，在桌子边坐下，说，"我们现在就'言归正传'吧！"

塑料为什么软硬有别

"你们看，塑料袋、塑料布很软，可以随意折叠，"赵冉一边指着桌上的物品一边说，"这些杯子、盘子和盆也是塑料做的，但它们很硬。叔叔，这是什么原因呢？"

"还有这玩意儿就更奇怪了，"书戎拿起搓澡用的泡沫塑料，"它不仅软绵绵的，而且里面还有很多小窟窿，像海绵一样。这又是什么缘故呢？"

"要回答你们提的这些问题，就得先搞清楚什么是塑料，它是由哪些物质组成的。"我转过头问德扬，"'小化学家'，

你来讲讲。"

"这个我在书上看到过，塑料主要是由碳、氢、氧三种元素组成的，是一种可以塑造的有机化合物。"没想到德扬一开口就说对了。

"没错。塑料是一种聚合物，是一种相对分子质量很大的有机高分子化合物。它们通常是由几个到几万个小分子化合物'手拉手'地连接起来的，形成大分子'链条'或者'网'，这种小分子化合物叫作'单体'，"我指着桌上的物品说，"不过，这些塑料并不是一种单纯的物质，虽然主体是大分子聚合物，但是其中还有一些其他的成分，如增塑剂、填料、稳定剂、着色剂等。"

"哦，我想起来了。那本书上说，我们常用的聚氯乙烯塑料之所以会有软硬之分，就是因为其中加入的增塑剂不同。之所以要加增塑剂，目的就是提高这种塑料的塑性和柔韧性，降低它的脆度和硬度。"说着，德扬顺手拿起一件塑料雨衣说，"就好像我手里的这件雨衣，其材料就是聚氯乙烯塑料。聚氯乙烯塑料的质地很柔软，我们可以把它折叠得很小，它里面添加的增塑剂大概要占到塑料总重量（质量俗称重量）的一半。在塑料凉鞋里加的增塑剂会相对少一些，因此尽管它也比较柔软，但不能像塑料雨衣一样折叠。至于塑料板等塑料制品，里面掺杂的增塑剂就更少了，所以它们的硬度比木材还大。"

"喂，'小化学家'，我问一个问题啊，为什么在聚氯乙烯塑料里加增塑剂，它就会变软呢？"赵冉突然向德扬提了一个问题。

德扬答不上来，只好尴尬地摇了摇头。

我站出来帮德扬解围："刚才我已经说过了，塑料是由大分子'链条'组成的。在塑料里掺入增塑剂，可以把塑料里面分子之间的吸引力降低，这就可以让塑料里的分子链灵活地运转，这跟往机器里加润滑油是一个道理。"

"哦，原来是这样啊。"书戎说，"那泡沫塑料又是怎么回事呢？"

"你还记得我们那天是怎么做馒头的吗？我们往面团里放发酵粉，蒸出来的馒头就会又松又软，制造泡沫塑料就和做馒头一样。往塑料里掺发泡剂，经过加热就可以得到有无数细小气孔的塑料，这样一来，塑料的体积就比原来增大好几倍。泡沫塑料有一个很大的特点就是它的重量非常轻，1立方米泡沫塑料的重量还不到40斤（1斤=500克），还不到同体积水的重量的1/50。"我一边说着，一边拿起了一只没有穿过的微孔泡沫塑料拖鞋说，"这个塑料拖鞋的材质叫作软质泡沫塑料。这种泡沫塑料的特点是里面的小气孔都是互相连通的，所以，气体可以在这种塑料里自由地流通，因此塑料就会显得既柔软又富有弹性。像这个搓澡用的软质泡沫塑料，还可以代替棉花、丝绵做棉衣呢。"

赵冉指着包装电视机的白色泡沫塑料问："那么，这种泡沫塑料又为什么这么硬呢？"

"哦，这是一种硬质泡沫塑料。它里面的小气孔具有蜂窝状的结构，都是'独门独院'，相互之间都不连通。所以它的强度高，既能经得住碰撞，也不怕被压扁。在建筑上，它还是一种很好的隔声和保温材料。"

塑料也会慢慢变老吗

　　"塑料制品的作用可多啦，"赵冉指着桌上那些五花八门的塑料制品说，"它们有些是透明的，有些是半透明的，还有一些掺杂着各种颜色，重量又轻……"

　　"不过，塑料制品也没你说的那么好，它也是有缺点的。用的时间长了，它也会老化，"书戎打断了赵冉的话，"去年夏天，我跟妈妈去商场买电风扇，我们看中了一台外观很漂亮的电风扇，是塑料做的。旁边一位戴眼镜的叔叔跟我们讲，这款风扇不太好用，用久了塑料肯定会老化，还可能会出现裂纹。"

"没错，塑料确实会老化，"德扬表示赞同，"每当天气变冷，我家里的塑料布就会变得又脆又硬。"

赵冉看着我，前言不搭后语地喃喃自语："老化……又脆又硬……这是为什么呢？"

"这是由塑料高分子本身的结构造成的。"我说，"刚才我已经讲过了，塑料高分子是由许多相同的小分子单体构成的，这就好像是一串由许多珠子穿成的珍珠项链，这些长链之间又往往相互连接。一旦受到外界环境的影响，尤其是受到强烈阳光的照射之后，阳光里的紫外线可以切断分子链，让长链分子变成短链分子，于是塑料就会发生老化，会慢慢发硬、变脆。随着温度的升高，这种老化过程会变快。"

"叔叔，那有没有不会发生老化的塑料制品呢？"

"严格来讲，不发生老化的塑料制品是不存在的，因为高分子物质都会有老化的问题，"我回答说，"目前已经出现了一些耐老化的高分子新物质，但是，它们也不可能永远不老化。比如，有一些塑料制品，人们为了消除紫外线的破坏作用，会往塑料里加入一些紫外线吸收剂，这样就能减缓它们老化的速度。但是，对于那些普通塑料制品，使用的时候一定要注意，尽量不要让它们在阳光下曝晒，冬天则要避免让它们在寒冷的室外受冻，也不要让它们靠近温度较高的物体，以减缓塑料的老化，延长使用寿命。"

装食品的塑料袋不可马虎

　　赵冉说着话，从冰箱里拿出几袋袋装的冷饮，说："叔叔，说得口渴了吧？喝点冷饮再接着聊吧。这是我妈特意让我准备的。"

　　"那可要谢谢你妈妈啦！"我接过一袋饮料，喝了一口说，"那我就不客气啦。"

　　"咦？用厚厚的塑料袋装酸性饮料，会不会有毒啊？"书戒接过饮料，看了看包装袋上印的酸梅汁几个字，开玩笑地说。

　　"别胡说，超市里卖的饮料怎么可能有毒？"德扬说，"这种塑料袋是无毒的。"

　　"你凭什么能这么肯定？"

"……反正超市里装食品的塑料袋是不可能有毒的。"德扬也说不出个所以然。

赵冉一直站在一旁，用期待的眼神看着我，我心里清楚，她也很想弄明白这个问题。

"好吧，那还是由我来揭晓答案吧。"我使劲吸了一大口酸梅汁，然后说道，"现在常用的塑料袋使用的塑料薄膜的成分主要有两种，一种是聚乙烯，另一种是聚氯乙烯。制造聚乙烯最常用的一种办法是在 200~300 摄氏度和 1000~2000 标准大气压（1 标准大气压 =101.325 千帕）下，把乙烯直接聚合起来。在聚乙烯里，并没有添加有毒的物质，所以用它来制作食品包装袋是没有问题的。而在生产聚氯乙烯薄膜的时候，则需要往里添加增塑剂，这些增塑剂和塑料里残存的氯乙烯都属于有毒物质。所以聚氯乙烯薄膜主要被用于制作桌布、台布、雨衣和日用品的包装袋，但不适合用来制作食品的包装袋。至于那种装农药或化肥的塑料袋，几乎全部都有毒，对人体有害，绝对不能用它们来装食品。"

"但是塑料袋一般都是透明的，外观看起来都差不多，要怎么才可以分清哪些可以包装食品呢？"赵冉开始犯难。

"区分的主要办法，我可以用 4 个字来总结：看、摸、听、试。"说着，我挑出了两个塑料袋，对他们说，"看，就是要仔细地查看外观。一般来讲，在透明中略带一点儿乳白色的是聚乙烯塑料袋，透明而稍微有一点儿黄色的是聚氯乙烯塑料袋。摸，就是用手触摸塑料袋。聚乙烯薄膜的表面摸起来好像涂了一层蜡，有滑腻感；而聚氯乙烯薄膜会有点儿发黏，比起聚乙烯薄膜会稍微薄一些、软一些。听，就是抖动塑料袋，用耳朵仔细辨别声音。一般来说，聚乙烯的声音听起来较为清脆，而聚氯乙烯的声音听起来则会有些发闷。试，就是利用两种塑料的密度不同，把它们放到清水里做试验。因为聚乙烯薄膜密度比水小，所以它可以浮在水面上；而聚氯乙烯薄膜密度比水大，所以它会沉到水里。"

还没等我说完，三个孩子就迫不及待地各自抓起两三个塑料袋放到水里做起了试验。

"这个装粉丝的塑料袋是用聚乙烯薄膜做的，没有毒。"德扬经过一番看、摸、听、试以后，信心十足地说。

"这个洗衣粉袋是用聚氯乙烯薄膜做的，有毒。"书戎也十分肯定地说。

"这个装衣服的塑料袋应该也是用聚氯乙烯薄膜做的。"赵冉轻声细语地说。

"没错，"我说，"如果用这些有毒的塑料袋装食品，人吃了以后会对身体造成很大的伤害。"

"唉，我妈平常就很不注意这些，经常用装衣服、洗衣粉的塑料袋装吃的，她还用装过化肥的大塑料袋装面粉和大米呢！"德扬数落起了妈妈，"回去后我一定要向妈妈普及一下使用塑料袋的科学知识。"

"你说得没错，"我加重了语气说，"用塑料袋装食品，一定要慎重，千万不能马虎大意、随便凑合！"

人造革是塑料做的吗

"叔叔,像这个人造革手提包和书包,是用塑料做的吗?"赵冉好像想起了什么,气鼓鼓地说,"刚才我把它们拿过来'展览'的时候,书戎一个劲儿地笑话我,说我拿错了。他非说这些东西不属于塑料制品。"

"难道不是吗?"书戎一副得理不饶人的神气,"那明明是用人造革做的。"

我没有立刻回答这个问题,而是先转过头问正在低头沉思的德扬:"你觉得呢?"。

"人造革,……似乎也是塑料做的,"德扬吞吞吐吐地说,"不过,它跟塑料布、塑料袋好像又有点不一样。"

"从表面看，确实是不大一样，不过其实人造革就是一种塑料制品！"为了加深他们的印象，我特意提高了声调说，"用来制作人造革的塑料，主要是掺入了油状增塑剂的软聚氯乙烯。"

"叔叔，您看，"书戎还是不服气，拿起手提包，翻出里面让我看，"这人造革明明是用帆布做的呀。"

"你再看看人造革的表面是什么物质，"我笑了笑，耐心地说道，"这种人造革叫作布基人造革，它的制作过程是把软聚氯乙烯加热熔化以后，趁热涂压在帆布或比较结实的布上。你们平常用的手提包、旅行袋、'皮'椅子、'皮'沙发，还有你们身上背的书包等，都是用布基人造革做的，这种材料使用起来柔软、结实、耐磨。曾经有人做过试验，人造革在机器上要弯折 25 万次才会出现裂纹。除此之外还有一种人造革叫作无布人造革，是用比较厚实的软聚氯乙烯塑料薄膜做的。它的外观看上去和天然皮革差不了多少。"

"叔叔，这个文件夹也是人造革做的吗？"

我看了看德扬手里的东西，那是一个很柔软的文件夹。"没错。制作这种文件夹的材料名叫泡沫人造革，"我解释说，"它是在软聚氯乙烯塑料里掺入发泡剂做成的。由于发泡剂经过加热后会释放出气体，并且会在塑料里产生许多小气孔，因此泡沫人造革既柔软，又有弹性，受到很多人的喜欢。"

"怎么样？书戎，"赵冉得意地朝书戎眨了眨眼睛，"我没有拿错吧？"

"行了行了，"书戎摆摆手说，"你还不是蒙的。"

"好了好了，你们俩就不要斗嘴啦。"德扬笑着劝说道。

接下来，我随手拿起了手边的热水袋，抖了两下，然后说："接下来，我给你们讲讲我们常用的橡胶制品吧。"

橡胶的老化和"溶胀"

"叔叔您看,"赵冉拿起一块橡皮说, "这是我上小学时候买的橡皮,买来以后就一直放在抽屉里没有用过。前几天我清理抽屉的时候偶然翻了出来,发现它变得硬邦邦的,上面还出现了很多裂纹,用来擦铅笔字迹也已经擦不掉了,这是为什么呢?是不是橡皮也有老化现象?"

"是的,橡胶制品也会老化,"我肯定地说道,"橡胶在老化以后就会失去弹性,产生裂纹。在日常生活中,这种现象很常见。"

"那橡胶是怎么老化的呢?而且为什

么老化后就会失去弹性呢？"赵冉继续追问。

　　"要讲明白这个问题，我得先从橡胶能屈能伸、可刚可柔的特性讲起。"为了帮助小朋友们更形象地理解，我打了一个比方，"你们小时候有没有玩过一种游戏？小朋友们手拉手在操场上站成一队，一开始队伍是弯弯曲曲的；当老师喊口令，让他们把队伍拉直的时候，原本弯曲的队伍就变成了平行的两排横队；当老师再一次喊口令叫他们放松的时候，小朋友的队伍又恢复成原来不规则的形状。

　　"橡胶也是一种高分子化合物，它的高分子链就如同一条条弯弯曲曲、既能屈伸又能做旋转运动的铁链。在橡胶里加入硫黄，是为了让硫黄分子起到连接这些铁链的作用，这样既可以让橡胶变得富有弹性，又能增加它的强度。橡胶在被拉伸和被放松时所发生的变形，就很像刚才说的小朋友玩游戏时的队形：原来蜷曲的线状橡胶高分子链，在被拉伸的时候就能变成长条的线状；而当放松的时候又会自动交织成蜷曲的形态。"

　　"哦，原来是这样啊！"赵冉激动地说，"橡胶老化实际上就是这种线状的高分子链发生了断裂，所以橡胶的弹性会越来越弱，直到完全失去弹性，我的这块橡皮就是这样。"

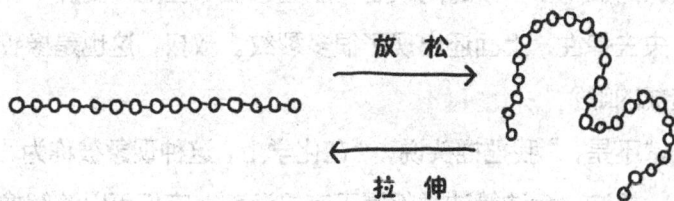

　　"你说的没错，"我点了点头说，"通常来讲，阳光、氧气和比较高的温度，都会加速橡胶老化的过程。因为在阳光里含有大量的紫外线，紫外线在进入橡胶以后，和进入塑料一样，也会破坏高分子链。因此，自行车轮胎、胶鞋、胶底球鞋等，都应该避免放在阳光下曝晒。"

　　德扬随手拿起了热水袋，问道："叔叔，您刚才说不能让橡胶制品接触比较高的温度，那这个橡胶热水袋经常装开水，为什么不容易老化呢？"

　　"哦，热水袋最好也不要装滚烫的开水，太热的水会加速它的老化，缩短使用寿命。一般来说，装 80~90 摄氏度的热水，那就没什么大问题。"接着我又补充道，"除此之外，油类、酸、碱等也都会对橡胶制品造成破坏，会让它发黏、发硬和产生裂缝。所以像热水袋这类橡胶制品，如果被弄脏了，不能用碱或者碱性肥皂洗，只能用清水洗净擦干。告诉你们一个小妙招，可以给热水袋做一个布套，这样不仅可以让它保持清洁，也可以避免被阳光曝晒而导致老化，用起来的时候也不会感觉太烫，这是不是'一举多得'呢？"

　　这时，德扬像是又想起了什么："我想起来了。油类确实会对橡胶制品造成破坏，我以前见过。我家装机油的瓶塞就是橡胶做的。用了一段时间以后，瓶塞会很奇怪地'变胖'、变软，失去弹性，上面还出现了很多裂纹。叔叔，这也是橡胶老化造成的吧？"

　　"不是，"我摇摇头说，"在化学上，这种现象被称为'溶胀'。机油、食油等油类都属于有机溶剂，它们可以溶解橡胶制品；同时，橡胶也会吸收油类。于是，在有机溶剂的作用下，原本紧密的结构就会变得疏松，并且发生膨胀，最后发生变形。因此，我们在使用橡胶制品的时候，一定要注意避免发生溶胀现象。"

"难怪我每次给自行车车轴加油的时候，我爸总是千叮咛万嘱咐的，叫我不要把油掉到轮胎上，这下我总算明白了。"书戎若有所思地说，"有一次我不小心在自行车前辐辘上掉了几滴机油，我爸还专门拿布仔细地把它擦掉，一边擦一边还啰唆地责怪我。"

"本来就应该批评嘛！"德扬说了一句。

"哇，你们聊得这么热闹！"这时，赵冉的爸爸满面春风地走进了家门，手里还拎着一篮菜。

"赵师傅，您好啊！"我赶紧跟他打招呼，"您下班啦？"

"没有，我今天休息，"赵师傅乐呵呵地说，"我听小冉说，您给他们讲身边的化学，他们可喜欢听啦。你们这些'喝过墨水'的人就是有学问！前几次，她都到您家里听，还管饭。所以前天我就跟小冉说，我今天轮休，说什么也要坐一次'庄'，请大伙儿来我们家，尝一下我们家的粗茶淡饭。"

"赵师傅，您太客气啦！"说完，我就招呼书戎、德扬帮赵师傅择菜。

"老师，你们接着聊就好，这些小事儿我一个人做就行，不用他们帮忙。"

"没事儿，我们帮忙可是'别有用心'的，"我开玩笑地说，"前天我们刚说完炒菜、做饭里的化学知识，大家都说想找机会跟您学习一下烹饪的手艺。今天有幸可以当您的助手，有您的指点，怎么能错过这个大好的机会呢？哈哈哈……"

"好啊，"赵师傅爽快地答应了，"我可没什么手艺给你们学的，嘿嘿。不过有你们帮忙，倒是可以快点做好饭菜，咱们就可以早点吃饭，吃完了你们可以接着谈。"

就这样，赵冉他们三个在赵师傅的"率领"下，嘴里哼着歌儿，一边给赵师傅打下手，一边打打闹闹。我也到厨房里帮忙。

经不起搓揉的人造棉

午饭后，按照原定计划，我跟他们接着谈关于穿着的化学。

最近十几年来，随着化学这一学科的进步与发展，人们利用各种化学技术手段合成了各种化学纤维，使得人们在穿着上焕然一新。现在，我们可以在市面上看到各种五颜六色的纺织品，琳琅满目的服装，看得人眼花缭乱。不过说实话，我和书戎他们一样，平时不怎么在意穿着，因此关于这个话题我也只好点到为止。

"赵冉，你身上穿着的这条裙子颜色这么鲜艳，很漂亮，是人造棉的吧？"我

先提问。

"没错，"赵冉点点头回答，"我这条裙子穿起来感觉很柔软，十分舒适，透气性和吸湿性也很好。可惜美中不足的是它下水以后会变硬，经不起搓揉。"

"那你知道这是什么原因吗？"

赵冉摇摇头，表示不知道。书戎和德扬是男生，对衣服就更没有那么上心了，只好仰着头看我，等我给他们解释。

"要说清楚这个问题，我们先得说说什么是人造棉，"我端起茶杯喝了一口茶，然后慢慢地说，"人造棉都是用人造纤维制成的。从化学成分上看，人造纤维和棉花纤维基本上是一致的。"

"哎，叔叔，可是棉布并没有刚才赵冉说的那些缺点啊！您怎么说人造纤维和棉花纤维一样呢？"

"别急，我还没说完呢。我可没说这两种纤维一样。"我接着说了下去，"棉花纤维是由碳、氢、氧三种元素组成的纤维素组成的，是一种天然的植物性纤维。在棉花纤维里，纤维素的分子排列得整整齐齐。如果把棉花放在显微镜下，可以清楚地看到，棉花纤维呈细长的椭圆形管状，中间是空心的，看上去很像一条消防队员救火用的水龙带的形状。尽管人造纤维的原料也是天然的植物性纤维素，如木材、芦苇、麦秸、棉花秸等的纤维素，然而由于经过了一定的化学加工处理，它的内部结构和棉花纤维就有了很大差别了。"

"那到底有哪些差别呢？"赵冉追问。

"人造纤维是一种实心的棒状纤维，它的制作方法是，先把天然纤维素放进浓氢氧化钠溶液和二硫化碳中处理，再把它溶解在稀氢氧化钠溶液里，制成黏胶液，最后用喷丝头压出细丝。它的特点是又脆又硬，韧性比较差，而且人造纤维在制造过程中经过了多次化学处理，纤维素分子之间的空隙会变大，排列也会变得比较凌乱和稀松，不像棉花纤维那样整齐和细密。你们不妨想象一下，这样的人造棉一旦浸到水里以后，水分子就会乘隙而入，填补到人造棉纤维的空隙里去，从而使纤维膨胀起来。有人做过试验，结果显示，湿的人造棉纤维的直径是干纤维直径的两倍左右。人造棉膨胀变厚，摸起来自然也就感觉变硬了。"

"那它经不起搓揉又是什么原因呢？"书戎追问道。

"刚才我们说过，人造棉纤维素分子原本的排列是比较稀松和凌乱的，经过浸湿以后，纤维组织会变得更加疏松，所以它的强度就大大降低了，通常会比干纤维的强度降低 50% 左右。这时如果你使劲搓揉它，会对纤维造成较大的损伤。"

"我妈在洗人造棉衣物的时候，总是会先把它放在洗衣粉液里泡一会儿，然后轻轻地揉，洗完后也不会用力去拧，而是用手把水挤干，"赵冉接过我的话说，"这么看来我妈是对的，还挺懂洗人造棉的科学知识。"

"没错，人造棉的强度和弹性都不太好，既不经磨，也容易产生褶皱，所以它一般被用来制作裙子、棉袄的里和面，被面，门帘，窗帘等。因为这些东西不容易受到摩擦，也没必要经常清洗。"

强度"冠军"尼龙纤维

"叔叔,尼龙袜是用什么材料做的?"
德扬提出了一个新的问题,"尼龙袜比人
造棉的袜子好穿多了,它既耐磨,又结实。
我脚上穿的这双尼龙袜,已经穿了两年多
了,现在还完好无损。"

"我妈给我买了一双锦纶袜,也结实
得很,我穿了快三年了,"书戒说,"叔叔,
锦纶袜又是用什么材料做的呢?"他话音
刚落,赵冉就忍不住笑出了声。

"赵冉!有这么好笑吗?"书戒没好
气地白了赵冉一眼,"你懂吗?"

"我不懂——"赵冉故意拖长了语调

说，"可尼龙和锦纶明明就是同一种东西，这点我还是知道的！"

"赵冉说的没错，锦纶和尼龙确实是同一种东西，"眼看书戒有点不服气，正要"驳斥"赵冉，我赶快抢先说，"chinlon或 nylon 是一类合成纤维的商品名称，翻译过来就叫锦纶或尼龙。因此，尼龙袜和锦纶袜是同一种袜子，只是叫法不同罢了，它们都是用合成纤维制成的。"

"那么，合成纤维又是什么东西呢？'合成'和'人造'的意思一样吗？"书戒又问。

"这是两种不同的纤维，不过，它们都属于化学纤维。所谓合成纤维，就是利用非高分子化合物作为原料，通过化学合成的方法制造成高分子化合物，再经过加工制成的一种化学纤维。它和棉、毛等天然纤维不一样，跟我们前面讲的人造棉之类的人造纤维也有区别。虽然人造纤维也是经过化学处理制成的，可它的原料是天然的高分子化合物。我们前面讲过，人造棉是用粗而短的天然纤维作为原料，因此人造纤维和天然纤维都是由纤维素或蛋白质组成的；而合成纤维则是用低分子的有机化合物作为原料，经过聚合反应制造成的一种高分子聚合物，它不含纤维素和蛋白质。目前合成纤维的种类繁多，而且都有各自不同的商品名称和化学名称。例如：锦纶和尼龙是商品名称，化学名称是聚酰胺纤维；涤纶和的确良是商品名称，化学名称是聚酯纤维；腈纶是商品名称，化学名称是聚丙烯腈纤维；维尼纶或维纶是商品名称，化学名称是聚乙烯醇缩甲醛纤维；丙纶是商品名称，化学名称是聚丙烯纤维；氯纶是商品名称，化学名称是聚氯乙烯纤维；等等。在我国，越来越多的人喜欢用合成纤维，因为它有很多优点，如强度高、耐磨、弹性好、保暖、不会发霉、不容易被虫蛀等。"

"说得一点儿也没错！"书戎说，"我的那双锦纶袜就特别耐磨，强度也大，富有弹性。"

"嗯，尼龙纤维的耐磨性很好。它的耐磨度是棉花纤维的10~20倍，比人造纤维强几十倍。"我又进一步介绍说，"尼龙纤维还拥有'强度之王'的美誉，在目前所有的天然和化学纤维纺织品中，它的强度是名列前茅的。另外，尼龙纤维的弹性也很好，即便把它拉长原本长度的5%，放松后它也可以完全恢复到原来的状态。"

"难怪，一双尼龙弹力袜可以抵得上好几双棉线袜呢！"说起自己的尼龙袜，德扬也赞不绝口，"它的伸缩性非常好，我三年前买的袜子，现在还在穿呢。"

"哎，不过弹力尼龙丝的弹性和耐拉伸的程度也不是没有限度的，"我说，"大脚穿小袜，穿的时候要使劲拉伸，时间长了，弹力袜就会失去弹性。还有，洗尼龙袜的时候，千万不能用力搓，更不要用硬刷子和洗衣板搓，否则会导致尼龙纤维发毛和起小球，影响使用寿命。"

谁说"羊毛"只出在羊身上

刚才赵冉在打开衣柜的时候，我瞥见衣柜的角落里有一件紫红色的毛衣。于是我问她："赵冉，你有一件漂亮的紫红色毛衣吧？"

"对啊，"赵冉点点头说，"就在这衣柜里呢。"

"那你知道这件毛衣是用什么毛线织成的吗？"

"叔叔，瞧您这话问的，当然是用紫红色毛线织成的呗！"

"不是，我是问这毛线是用什么纤维纺成的！"我强调说。

"那肯定是羊毛纤维咯。"书戎小声地说。

"不是羊毛纤维。"赵冉一边说着,一边取出了那件毛衣。

"不可能吧?"书戎接过毛衣,用手摸了摸,更加确信地说,"这毛线毛茸茸的,蓬松、柔软,弹性也不错,和我今年过年时新买的纯羊毛毛衣一模一样。"

我拿过毛衣摸了摸,摇了摇头告诉他:"不对,这件毛衣不是羊毛纤维织成的,是用腈纶膨体纱毛线织成的。我刚才告诉过你们,腈纶的化学名称叫聚丙烯腈纤维,它的短纤维叫'合成羊毛'。有句俗话叫'羊毛出在羊身上',但是这种'羊毛'还真就不出在羊身上,它是用石油的裂解产物丙烯作为主要原料,采用了一些复杂的化学方法合成的。"

"叔叔,腈纶膨体纱毛线就是用腈纶短纤维纺成的吗?"赵冉问。

"不是,腈纶膨体纱毛线的纺织方法很独特,"我解释说,"腈纶膨体纱是用普通腈纶长丝和腈纶高缩纤维混纺而成的。"

"叔叔,腈纶高缩纤维是什么呢?"

"其实,腈纶高缩纤维也是用腈纶长丝加工而成的。具体的制作过程是这样的:先把腈纶长丝加热,使它延伸,然后放到水蒸气中处理,使纤维收缩,使它变成一条富有弹性的长毛条,摸起来就像羊毛纤维。再把腈纶长丝和高缩纤维混纺在一起,经过蒸汽处理,高缩纤维由于受热会发生强烈的收缩,变成毛线的芯子;而腈纶长丝的收缩程度较小,就会变成波浪形状的纤维,缠绕在高缩纤维的周围,这样就能制成蓬松柔软、弹性比较好的腈纶膨体纱毛线。

　　"这种毛线的优点很明显，包括强度高、质地轻、保暖性好、蓬松柔软、不怕太阳晒、不怕虫蛀和发霉、耐洗等。所以，它在毛线产品中异军突起，受到越来越多的人喜欢。"

　　德扬忍不住啧啧称赞："世界真奇妙！以前老说'羊毛出在羊身上'，原来也不一定呢。只要学了化学，我们也能造出'羊毛'来，真是太神奇了！"

　　"可不是嘛，化学真是太有用了！"书戎也补充道。

认识不同种类的洗涤剂

"书戒，你这衬衣是几天没洗了呀？"
我检查完德扬和书戒的衬衣领子以后说，
"你看看你这领子，黑得都成什么样了！"

"嗯，叔叔，这是第 4 天了。"书戒
不好意思地回答。

"懒'死'你算了，"赵冉瞪了书戒
一眼，"夏天的衬衣，居然能穿 4 天不换，
我真是服了你了！"

"你们知道洗衣服常用的洗涤剂有哪
些吗？"我问他们。

"肥皂、洗衣粉。"书戒第一个回答。

"还有碱。"德扬补充说。

"咦？碱不是做馒头用的吗，还能洗衣服吗？"书戎将信将疑。

"当然可以啊，我妈在家就经常用碱水洗衣服，去污效果还不错呢。"德扬不甘示弱地说。

赵冉说："我们家洗碗和刷锅的时候也经常用碱水，它的去油污能力很强。所以我觉得，它用来洗衣服肯定也没问题。"

"你们说的都对，纯碱就是碳酸钠，用它来洗棉、麻织品，洗涤效果确实还挺好的，"我说，"这是因为我们穿的衣服上的污垢，主要都是人体分泌的皮脂和汗液、空气里的尘土、煤烟，还有在劳动中沾上的各种油脂，吃食物时洒的汤汁等。这些油污大部分都是一些油脂和脂肪酸，它们都可以跟碱发生皂化反应。所谓的皂化反应，就是一种有机反应，反应生成的脂肪酸钠是一种极易溶于水的物质。所以，油污就会被洗掉。不过，一定要注意，碱水不能用来洗涤丝、毛织物，因为它会损伤蚕丝和羊毛的纤维。"

"叔叔，用肥皂与洗衣粉去污的原理和纯碱是一样的吗？"

"不一样。"

"哪里不一样呢？"德扬问，"洗衣粉和肥皂的除垢能力也很强呀！"

"这就要从肥皂和洗衣粉的组成成分说起了。"我解释道，"肥皂的主要成分是硬脂酸钠。它是用烧碱（化学名称是氢氧化钠）和动植物的油脂为原料制造而成的。如果我们想要让肥皂温和一些、软一些，也可以改用氢氧化钾来代替氢氧化钠。"

"那洗衣粉是不是由肥皂粉加碱面组成的？"书戎说。

　　"你可不能这样没有根据地凭空猜测，"我一口否定了书戎的猜想，"肥皂是一种有机酸盐，而洗衣粉是用石油产品作为原料制成的，主要成分也是一种有机酸盐，一般就是烷基苯磺酸钠。洗衣粉和肥皂的去垢原理是一样的，所以它们能去除的污垢种类也一样，都能去除油性污垢，如矿物油、胆固醇、脂肪醇等。因为这类物质对身体和织物都有比较强的黏附力，不溶于水，但可以溶于一些有机溶剂，所以我们可以用肥皂、烷基苯磺酸钠盐的水溶液把它们洗掉。"

　　"叔叔，您再具体一点讲讲肥皂和洗衣粉的除垢原理吧。"赵冉说。

　　"没问题，"我清了清嗓子，端起茶杯喝了一口茶水，接着说，"我前面说的那几种污垢，肥皂、洗衣粉都可以把它们'拉'进水里。经过研究人们发现，构成肥皂和洗衣粉的分子两端的性质不一样：一端能溶于水，另一端能溶于油。"

　　为了让孩子们更直观地了解，我拿起纸和笔，画了一个图给他们看。我在纸上画了一个钉子形状的图案，用来表示硬脂酸钠分子和烷基苯磺酸钠分子。钉子尖表示溶于油的一端，钉帽则表示溶于水的一端。我一边画一边讲解："我们在洗衣服的时候，把沾上了油污的衣服浸泡在肥皂水或洗衣粉水里以后，肥皂或洗衣粉的构成分子里，亲油的这一端就会进入衣服的油污，亲水的一端则会和水紧密结合。这样一来，肥皂和洗衣粉就把衣服上的油污包围住了。再加上人手的搓动或者洗衣机的搅拌，最终就会把油污从衣服上'拉'下来，使油污悬浮在水里，然后我们再用清水反复漂洗，衣服就这样被洗干净了。在化学上，把这种使本来互不相溶的油和水变成均匀、稳定的油水混合液的作用命名为乳化作用。肥皂、洗衣粉这类洗涤剂就被称为乳化剂。"

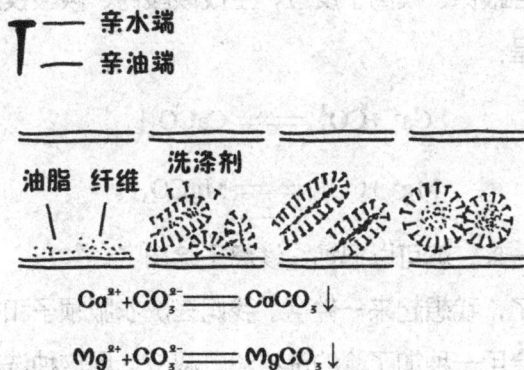

—— 亲水端
—— 亲油端

油脂　纤维　洗涤剂

$$Ca^{2+}+CO_3^{2-} \rightleftharpoons CaCO_3\downarrow$$

$$Mg^{2+}+CO_3^{2-} \rightleftharpoons MgCO_3\downarrow$$

"原来纯碱和肥皂、洗衣粉的去污原理不一样，能除去的污垢类型也是有差别的呀。那我们如果把它们混合在一起，不就可以把许多性质不同的污垢同时都除下来了吗？"赵冉兴高采烈地设想着。

"你这个想法没错。在洗衣粉里确实掺有少量的纯碱。所以，一般来说洗衣粉的去污能力要比肥皂好一点，特别是如果用的是'硬水'，用肥皂洗衣服的效果就更不如洗衣粉了。"

"在这里，纯碱起的是什么作用呢？"德扬问。

"要知道，'硬水'里含有许多的钙、镁离子，这些离子遇到肥皂水就会生成难溶于水的脂肪酸钙、脂肪酸镁等化合物。这些物质一旦黏附在纺织物上，不仅会白白浪费肥皂，而且还使衣服显得发乌，不透亮。水的硬度越高，这种情况就越严重。而如果使用加了纯碱的洗衣粉，就不会发生生成脂肪酸钙、脂肪酸镁的反应。"

"哦,我明白了,"德扬终于得到了让自己满意的回答,他拿起笔边在本子上做笔记边说,"纯碱可以溶于水,它的碳酸根离子会跟钙、镁离子反应,生成碳酸钙、碳酸镁沉淀。反应方程式是:

$$Ca^{2+}+CO_3^{2-} \longrightarrow CaCO_3\downarrow,$$

$$Mg^{2+}+CO_3^{2-} \longrightarrow MgCO_3\downarrow。$$

这样一来,就可以把钙、镁离子除掉了。"

"对了,我想起来一件事。我妈在洗衣服领子和袖口的时候,经常会用一种加了酶的洗衣粉。叔叔,用这种洗衣粉有什么好处吗?"赵冉问道。

"哦,加酶洗衣粉里添加了 0.2%~0.7% 的蛋白酶,主要用于洗涤那类蛋白质含量较高的污垢。在衣服的领子、袖口和袜子上的污垢里,蛋白质的含量为 10%~30%,用普通的洗衣粉很难把它们清洗干净。可是如果使用的是加酶的洗衣粉,情况就大不一样了。洗衣粉里的酶会令蛋白质迅速分解,转变成为易溶于水的氨基酸,所以污垢就很容易被洗掉。实践还证明,对于新旧血迹和发黄的汗迹,加酶的洗衣粉的清洗效果也很不错。但是要注意的是,加酶洗衣粉也不是万能的。由于蚕丝和羊毛也是由蛋白质组成的,所以如果用加酶洗衣粉来洗丝、毛织品,就会让丝、毛织品遭到损坏,而且加酶洗衣粉不耐热,假如温度超过 70 摄氏度,蛋白酶就会失效,它最适宜的使用温度是 40~60 摄氏度。"

和衣服锈迹说再见

　　"肥皂、洗衣粉可以洗掉衣服上的油污，加酶洗衣粉可以去除蛋白质含量较高的污垢，但是除了这几类污垢，还有其他一些污垢很难清洗。"赵冉说，"去年夏天，我把一件白色的衬衫拿去晾晒，我用了两个铁夹子把它夹在衣架上，没想到衣服上竟然印上了铁锈的痕迹。我用肥皂和洗衣粉拼命洗呀搓呀，还是洗不掉。后来我妈妈也来帮我洗，可是连她也没办法，最后还是没把锈迹洗掉。"

　　"哎，赵冉，我之前好像看到一本书上说，衣服上的铁锈可以用草酸去除。"

德扬说。

"叔叔，德扬说的办法有用吗？"

"有用，"我点着头回答，"草酸和我们平常吃的食醋中的醋酸一样，也是一种有机酸。我们可以利用它超强的还原性来清除锈迹。"

"唔……利用草酸的还原性……"赵冉低着头沉思了一会儿，说，"那是说铁锈被还原了吗？"

"说得一点儿都没错，"我肯定了赵冉的这个说法，"我们看到的铁锈呈棕红色，铁锈中的铁是三价的铁，草酸可以将它还原成二价铁。而二价铁的化合物可以溶于水，因此，这样就可以把铁锈洗去了！"

"太好了！您赶紧把用草酸清除锈迹的具体做法教给我吧！"赵冉的心里老是记挂着那件白衬衣上面的铁锈痕迹，急切地央求我。

"你可以先去化工商店买一点草酸。草酸是一种无色、透明的晶体或白色粉末。然后将草酸和水按照 1:20 的重量比配成草酸溶液。最好使用 50 摄氏度左右的水，这样可以让草酸溶解的速度更快。然后，你把衣服有锈迹的地方浸泡到草酸溶液里，过一会儿铁锈就会被除掉了。不过，草酸对棉、麻和人造纤维等有一定的腐蚀性，不能让草酸留在织物上。所以，最后可以再用加入少量小苏打的溶液冲洗衣服。此外，草酸对人的皮肤也会有腐蚀作用，因此搓洗的时候最好不要用手，假如不小心将草酸溶液沾到皮肤上，应该立刻用水冲洗干净。"

"那……我们在写钢笔字的时候，经常会不小心把蓝黑墨水沾染到衣服和桌布上等。叔叔，这种墨水用草酸可以去掉吗？"

"这要具体情况具体分析，"我说，"普通的蓝黑墨水是用鞣酸亚铁和蓝色染料配制成的，这两种物质都能溶于水。所以，如果衣服上刚刚染上这种墨水，马上用清水冲洗，一般可以把污迹清洗掉。但如果你没能及时清洗，鞣酸亚铁就会在空气中被氧化成鞣酸铁，由于黑色的鞣酸铁不溶于水，所以这时污迹就很难用清水洗掉了。那么现在问题来了，你们觉得有没有什么好办法可以除掉黑色的墨水迹呢？"

"方法嘛，可以和除铁锈污迹一样，用草酸作为还原剂，把三价铁还原成二价铁！我说的没错吧？"书戎抢先回答了我的问题，然后，他低头看了看自己衬衣袖口上的几滴墨水迹，高兴地说，"等会儿我就去买草酸，今天晚上就试试叔叔教的方法，看能不能把这些讨厌的'黑斑'洗掉。"

"我也要买草酸洗铁锈，那就麻烦你顺便帮我带一些回来吧。"赵冉请求说。

"No Problem！"书戎答应得十分爽快，激动之余还说了一句英文。

第4章
家庭生活与化学

周末到了，书戎和德扬、赵冉早早地又来到了我家，缠着我继续给他们讲身边的化学。

我想了一下，沉吟着说："身边的化学，可以讲的内容实在太多了，要不，我们今天就讲一讲身边的空气吧。"

"谈谈空气？这个主意不错！"德扬听完马上表示赞同，说，"因为空气无处不在，地球上的每一个角落都充满了空气，人的一生每时每刻都离不开空气。好好地认识一下空气这位跟我们朝夕相处的'朋友'，应该！"

"好啊好啊！"书戎和赵冉不约而同地说。

不过，书戎刚说完没多久，突然又反悔了。他转念一想，有点不以为然地说："叔叔，空气有什么好讲的？我们的化学书上已经说得明明白白了——空气是一种混合物，按体积计算，它的组成成分大约是氮气78%，氧气21%，稀有气体0.94%，二氧化碳0.03%，其他气体和杂质0.03%。哪个地方的空气不都一样吗？"

"哎呀，书戎，你可不能这么说，"德扬打断了书戎，"课堂上讲的关于空气的化学知识还是太少了。叔叔既然说要讲讲空气，我觉得他肯定会讲一些我们不知道的新鲜内容！"

　　"德扬说的没错。"我转过头对着书戎说，"关于空气的成分，你倒是背得很熟，不过我敢肯定，关于空气的化学知识，你还有很多不知道的，更何况，你学到的那些知识，懂得怎么结合生活实际去应用吗？不信，你就听我往下讲。"

氮气 78%，氧气 21%，稀有气体 0.94%，
二氧化碳 0.03%，其他气体和杂质 0.03%

家里的鱼缸如何布置更科学

就在我跟书戎、德扬聊天的时候，赵冉一直站在我家的鱼缸前目不转睛地盯着看，她似乎对我养的这一缸金鱼产生了浓厚的兴趣：清澈透明的水里，长着鲜嫩、肥壮的金鱼藻，衬托着鱼缸底面形状各异的精选小石头，五颜六色的金鱼正在照进房间的阳光下悠然自得地在水藻间穿梭，可爱极了。

"叔叔，您的金鱼养得真好，连鱼缸的布置都非常有特色！"赵冉不由自主地赞叹道。

"啊哈，以前我来叔叔家，从来都没

有注意过叔叔的鱼缸，被赵冉这么一说，我发现叔叔的鱼缸布置得确实好漂亮！"书戎仿佛发现了新大陆。

"哦？你们都以为我这样布置仅仅只是为了看起来好看吗？"

我这么一句话，一下子把三个孩子都问懵了。我知道书戎家以前也养过金鱼，就问他："你们家以前养金鱼的时候，大概几天换一次水？"

"差不多两三天就得换一次，"书戎答道，突然，他指着我鱼缸里的水说，"叔叔，您这鱼缸里的水该换了，看！水都发绿了！"

"没错。不过，水不怕绿，怕的是灰。绿水才出好鱼，你要知道，有的鱼就喜欢这种水呢！"

"那是为什么呢？"

"我知道，那是您在鱼缸里放的那些金鱼藻在起作用，"正当书戎挠头的时候，德扬已经说出了答案，"金鱼藻会吸收水里的二氧化碳，在阳光的照射下发生光合作用，产生氧气。氧气溶解到水里，供金鱼呼吸，更适合它的生存。"

"说得很好，我布置这鱼缸的秘密，德扬已经说对了一大半。"

"叔叔，您是不是得经常给金鱼藻施肥，这样它们才能生长得茂盛一点？"赵冉问道。

"不用，我不用施肥，金鱼排出的粪便就足够金鱼藻生长使用，"我解释说，"但是，金鱼藻没法直接吸收金鱼的粪便，不过小石子上附着的细菌可以帮助它们。细菌可以把金鱼粪便里的氨转化成硝酸盐和亚硝酸盐，这两种盐对金鱼藻的生长很有帮助。这样，原本会污染金鱼生长环境的粪便也就被清除了，金鱼生活的环境又重新恢复了清洁，水里的含氧量也增加了。从这个角度来看，金鱼和金鱼藻是相依为命的。对了，如果你没有及时给金鱼喂鱼食，金鱼藻还会成为金鱼的美食呢。书戎，你看，我没骗你吧，你只看到我的鱼缸布置得好看，其实你没有想到，这其中还包含着科学道理呢。"

室内养花好还是不好

　　我们正说笑的时候，德扬又被我家窗台上摆着的一排花盆吸引住了。他一边赏花一边自言自语："室内养花还是有好处的。"

　　"你说什么？"书戎马上反驳德扬说，"我以前在一本杂志上看到过一篇短文，文章里写的是'室内养花不好'，跟你刚才说的正好相反。"

　　"我觉得吧，室内养花挺好的，"赵冉对德扬的意见表示同意，"你想啊，我们把花放到室内向阳的地方，叶子就会吸收室内的二氧化碳，在阳光的照射下进行

光合作用，产生氧气。这样，空气里二氧化碳的含量减少，氧气的含量增加，就能让空气时常保持新鲜。刚才我一走进叔叔的这间房间，一下子就感觉到空气十分清新，呼吸也很舒畅，我觉得原因就是叔叔养的这些花，你看它们都长得枝繁叶茂的。"

"你越说越邪乎了！"书戒不同意，立刻反驳道，"你不要忘了，植物也和人一样要呼吸。花也要吸收氧气，呼出二氧化碳。尤其是在晚上，没有阳光，就不会产生光合作用，这个时候就只有呼吸作用了。你把花放在屋里，室内的氧气可就减少喽。"

赵冉和书戒各执一词，互不相让，德扬也被搞糊涂了。他的视线始终没有离开过花盆，喃喃自语地说："他俩的说法好像都挺有道理，那么在室内养花到底是好还是不好呢？"

"书戒说的也是有道理的，不过，我们应该把两方面的因素进行综合比较分析，"看到几个孩子各持己见，相持不下，我知道又该我出马了，"从表面上看，盆花需要呼吸，会和人争夺氧气，尤其是在晚上。不过，我们来算一算就知道了。盆花在光合作用中制造出来的氧气，大概是它在呼吸时需要消耗的氧气的 20 倍。因此，从这个角度来看，我觉得室内养花的好处还是大于坏处的；而且有些品种的花还有其他功效，如可以抵挡烟尘，吸收混杂在空气里的汞、二氧化硫和氯等有毒物质，如常见的观赏花夹竹桃，有'绿色消毒器'的美誉，对人体的健康大有好处。但是有些品种的花是有毒性的，要不就是香气会刺激神经系统，所以不宜放在室内；而且室内也不宜放太多花。"

　　"哦，我有点明白了，"书戒听完了我的分析，点了点头说，"我家的盆花本来也是放在屋子里的，后来我看了杂志上登的那篇短文以后，就把它们全部移到阳台上去了。不过今天听了叔叔的讲解，权衡利弊，看来在室内养花还是利大于弊，我回家后还是把花'请'回到室内吧。"

　　"记得挑选一下花的品种，还要把花放在屋里向阳的地方哦。"我微笑着提醒他。

二氧化碳只会办坏事吗

　　德扬是很有想法的孩子。就在我们讨论完室内养花对人体健康的利弊问题后，他又回忆起了去年过年之前发生的一件怪事。事情发生在他邻居王大爷家的地窖里，他说：

　　"王大爷家的地窖挖得很深，为了保暖防冻，窖口一直封得严严实实的。去年过年前，他到地窖里去拿大白菜和土豆，但是下去了半个多小时还没上来，王大娘在地窖外面急得直叫：'老头子，你是不是在窖里吧嗒上旱烟袋，出不来啦！'连喊了几声，也没听见王大爷回话，大娘急了，

到窖口一看，只见王大爷趴在土豆堆上，一动不动。大娘吓坏了，赶忙跑到外面喊邻居帮忙。隔壁的张叔一见这情景不妙，只喊了声'赶紧喊人来'，就下了窖。没想到他刚刚下到窖底，马上扑通一声，也栽倒在地。围观的几个年纪较大的大爷大娘神色慌张，七嘴八舌地议论开了：'唉，这窖恐怕是挖错地儿了，八成是冲撞了土地爷。''是啊，窖里一定是闹鬼了'……就在这时，电工小杨叔叔来了，他眼疾手快，顺手抄起一个大簸箕，一个劲儿地往窖里扇风。几分钟后，他定了定神，一步步地慢慢下到窖里。围观的人都十分紧张，担心他也被'鬼'抓去。不一会儿，他抱着张叔出来了。然后，他又下去抱出了王大爷。两人被迅速送往医院。经过抢救，张叔捡回了一条命，可王大爷却再也没有醒过来。"

　　说到这里，德扬的眼睛不由得泛起了泪花，书戎和赵冉也难过地低下头抹了抹眼泪。

　　"王大爷的不幸去世，你们觉得真是因为地窖里闹'鬼'吗？"等了一会儿，我问他们。

　　"肯定不是啦，"德扬摇着头说，"那时我特地问过小杨叔叔，他说是因为地窖里的二氧化碳含量太高，王大爷是因为缺氧窒息而死的。"

　　"咦，空气不是应该无孔不入吗？"书戎疑惑地问道，"地窖里为什么没有氧气了呢？"

　　我还没开口回答，德扬就替我解释了："一开始，地窖里是有氧气的。可是后来，大爷把大白菜、土豆、萝卜等一大堆蔬菜放进去以后，情况就不一样了。这些蔬菜看上去好像已经死了，其实它们还有生命，会不停地进行呼吸作用，吸入氧气，呼出二氧化碳。再加上地窖口封得严严实实的，时间久了，地窖里的氧气就越来越少，二氧化碳越来越多。所以，人下到这样的窖里，就会发生晕倒、闷死的现象。"

"德扬分析得没错，"我补充道，"有人说，二氧化碳是一种有毒的气体，其实这种说法并不准确。二氧化碳本身是无毒的，它只是不能供给呼吸。在一般的情况下，大气中的二氧化碳含量大约是 0.03%，人们在其中不会感到呼吸不畅。可是，一旦二氧化碳的含量达到 4%~5% 的时候，人体就会感到胸闷、气喘、头晕、呼吸不畅。如果二氧化碳的含量达到 10%，就可以导致死亡。按照德扬刚才的描述，我估计在王大爷的地窖里，空气里的二氧化碳含量可能远远超过 10%。"

"唉，可惜王大爷之前不懂得这些科学知识啊。"赵冉叹着气说。

"对了，小杨叔叔在下地窖之前为什么要用簸箕使劲扇风呢？"书戎又问道。

德扬说："这个嘛，说起来我就想笑。当时旁边有一位老大爷说，小杨叔叔的这一扇，把阴气都扇走了，也把地窖里的'鬼'赶跑了。但实际上，小杨叔叔那样做的真正目的是要往窖里扇一些新鲜空气进去。因为地窖很深，二氧化碳的浓度很大，所以一定要使劲地扇，新鲜空气才能到达地窖的底部。所以呀，被小杨叔叔赶跑的哪里是什么'鬼'哟，他就是把那些讨厌的二氧化碳赶跑而已。"

"二氧化碳真是太坏了！"赵冉忍不住愤恨地说。

"赵冉，你这句话说得不对哦！你说这话带着不好的情绪，真是冤枉了二氧化碳咯，"我赶紧纠正她说，"二氧化碳并不坏，甚至还有人说它是'生命之源'呢！"

"什么？它都能害死人了，还是'生命之源'？"赵冉睁大了双眼，怎么也想不通。

"你呀，用一个成语来形容，叫'以偏概全'！"我接着说道，"我问你，火可以烧毁房屋，电也能把人电死，难道你也要说，火和电都是坏东西吗？"

"对，二氧化碳可以被植物吸收，植物可以进行光合作用，然后释放出氧气。这就是二氧化碳的作用了吧！"书戎小声嘟哝着。

"光是这一点就非常了不起啦！"我接住书戎的话，又提了一个问题，"一颗小小的种子，它最终要长成一株小麦、一棵大树等，你们觉得它是靠什么来建造自己的身体的呢？"

"靠肥料。"赵冉说。

"靠水分。"书戎说。

"你们说的都对。但最主要的是靠什么呢？"

德扬的生物知识比较丰富，他语气坚定地说："主要靠的是二氧化碳！我看过书上说，植物的绿叶好像是一座'绿色工厂'，它能在阳光的照射下进行光合作用，绿叶里的叶绿素会大量吸收空气里的二氧化碳，使它和水化合，放出氧气，从而制造出各种各样的有机物，如淀粉、纤维素等。小麦和大树等植物的身体，就是由各种有机物组成的。"

"德扬说对一大半了，"我满意地点着头说，"光合作用其实就是植物里的叶绿素吸收了阳光的光能，使二氧化碳跟水发生化学反应，生成有机物和氧气的过程。例如，我们可以用下面的反应方程式来表示生成葡萄糖的化学过程：

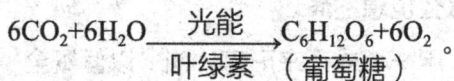

$$6CO_2+6H_2O \xrightarrow[\text{叶绿素}]{\text{光能}} C_6H_{12}O_6+6O_2 \text{。}$$
（葡萄糖）

你们好好想想，咱们每天吃的粮食、蔬菜、水果，还有用的棉花、木材，等等，是不是都是由空气里的二氧化碳直接变出来的？"

赵冉和书戒听得直点头，我故意逗赵冉说："你看，如果没有二氧化碳这么任劳任怨地为人类服务，你连淀粉、蛋白质和植物脂肪都吃不上，哪会有这白白胖胖的体格啊？"

一席话逗得赵冉低下头咯咯地笑了起来。

聊到这里，书戒也逐渐打开了思路，他兴冲冲地对我说："叔叔，二氧化碳确实是人类的好朋友。它在我们的日常生活中，也经常帮我们的忙呢。就拿蒸馒头来说吧，如果不是面里产生的二氧化碳由于受热不断膨胀，最后'钻'出来，馒头也就不会变得既松软又多孔。再比如我爱喝的冰镇汽水，一打开瓶盖，瓶子里咕嘟嘟直往外冒的气泡，也是二氧化碳。"

"书戒，你是不是又想喝冰镇汽水了啊？"我对着书戒打趣道，"在炎炎夏日，汽水确实是一种非常好的饮料。我们把汽水喝进肚子里以后，人体的肠胃并不会吸收二氧化碳。所以就容易打嗝，把二氧化碳从口腔里排出来，然后顺便带走了我们体内的一部分热量。这样，我们就会感到凉快很多。好吧，口说无凭，我现在就请你们来体验一下二氧化碳带来的好处吧。"

说着，我从冰箱里拿出 4 瓶冰镇汽水，每人一瓶，开开心心地畅饮了起来。

揭开"空气维生素"的秘密

书戒一边喝着汽水,一边目不转睛地盯着摆在写字台上的一台(空气)负离子(主要是由空气中的负氧离子和若干水分子结合形成的原子团)发生器(即负氧离子发生器)。这是我的一位朋友几天前送给我的。

书戒把眼睛凑到机器跟前,看到上面印着"负氧离子发生器"几个字,于是冲我好奇地说:"叔叔,这台机器是什么东西,干啥用的?"

"机器上面不是印着字吗? 它的大名就叫'负氧离子发生器'。顾名思义,这

台机器是用来产生负氧离子的。"

"哦，我想起来了，"赵冉插口说，"我前几天在报纸上读到过一篇讲负氧离子发生器的科普文章，说这种机器可以产生负氧离子。负氧离子的好处很多，不仅能改善室内空气质量，还可以使身体的肝、肾、脑等组织的氧化过程力度加强。对了，文章好像说负氧离子又被称为'空气维生素'。"

听到这儿，书戒撇了撇嘴，满脸不屑地说："这是吹牛的吧！一个小小的负氧离子，真的能有这么大的神奇功效？"

"赵冉说的一点儿都不夸张。不过，书戒的疑问也很正常。"我尽量用简单明了的语言来解释，"我们已经知道，当食盐（NaCl）溶解在水里以后，就会电离变成钠正离子（Na^+）和氯负离子（Cl^-）。不过你们知道吗，在大自然里，空气里的氧气由于受到紫外线等的作用，也会发生电离现象，产生带电的正氧离子（O^+）和负氧离子（O^-）。科学家通过反复的实践证明，这种负氧离子对人体健康是非常有益的。"

"可是照您这么说，哪里的空气里都会有负氧离子啊！那又有什么稀奇？"书戒对我的话仍然将信将疑。

"不错。但是，空气里存在的负氧离子数目在不同的地区还是有很大差别的，甚至可以说是有天壤之别。有人曾经做过测量，如果按照每立方厘米空气中所含的负氧离子个数来统计，在农村的原野上有 1000~1500 个，海滨地区有 2500~5000 个，在喷泉、瀑布附近，可以达到 5000 个以上。由于这些地方空气里含有更多的负氧离子，所以人到了这种地方，会感觉体力充沛、精神爽快。"

"城市里经常烟雾缭绕，有时空气污染很严重，所以空气中含有的负氧离子肯定比较少，叔叔，我说的对吗？"赵冉插话说。

"没错，在繁华的大城市里，烟囱、汽车等排出的废气使空气受到严重污染，在室外，每立方厘米空气里通常只含有50到几百个负氧离子，室内就更少了，只有几十个。尤其是在开着的电视机旁边的空气里，几乎没有负氧离子。所以，人如果长期在这种环境里工作和学习，对健康非常不利，严重的情况下甚至会让人感觉呼吸不畅，心神不宁。"

"叔叔，负氧离子为什么有益健康，这其中又有什么道理呢？难道是它跟人体之间产生了什么奇妙的作用吗？"德扬猜测地问。

"你又猜对了，"我说，"医学上的研究发现表明，负氧离子会对人的中枢神经活动产生较大的影响，可以为人体带来镇静、消除疲劳、降低血压、减慢呼吸和心率等良好的作用。所以，在一间普通的房间里，装一台小型的负氧离子发生器，可以让室内每立方厘米的空气里产生1000个以上的负氧离子。病人如果待在这种环境里，会对他的治疗十分有帮助；健康的人待在这样的环境里，也会感到精神饱满、体力充沛，工作和学习的效率也会有明显的提高。你们刚才不是都感觉到我这屋里的空气特别清新、宜人吗？其实，除了我养的那些盆花，这台负氧离子发生器也是功不可没呐！"

"叔叔，我爸爸一直患有高血压和慢性支气管炎，在他的房间里放一台负氧离子发生器好不好呢？"赵冉迫不及待地问。

　　"那肯定好啦！"我给了她一个肯定的回答，"我保证，只要坚持用一段时间，你爸爸的气喘症状，一定会有所缓解。"

　　"那我回去一定让爸爸赶紧买一台。"赵冉的脸上笑开了花。

　　这时我抬头看了一眼挂在墙上的钟，钟上显示现在已经10 点多了。我突然想起早上灭了的炉子还没有生火，就跟他们说："你们先在这里玩一会儿，我先去生火，等一会儿回来，我们再接着说。"

　　"叔叔，我来帮您生火！"赵冉和德扬异口同声地说。

　　"你们？会生火吗？"我看了他俩一眼，半信半疑地问道。

　　"会，"赵冉点点头说，"我家的炉子灭了，经常都是我去生火。"

　　"很好！"我高兴地同意了，"那咱们就一边生火，一边说说燃烧吧。"

刨花为何比木块更容易燃烧

因为现在天太热，于是我干脆把炉子搬到院子里的老槐树下去生火。赵冉、德扬和书戎七手八脚地帮着我拿蜂窝煤、引火炭、劈柴、刨花还有拔火筒等物品。我让他们每个人都搬一个小凳子坐下。

几个孩子中，赵冉的表现最积极，而且她坚持说自己在家的时候也经常生火，因此我就放心地把生火的任务交给了她。看她的动作，确实非常熟练，一副胸有成竹、经验老到的模样。只见她先从下到上，按顺序在炉膛里放好刨花、劈柴、引火炭和蜂窝煤等东西，然后一把将刨花点着了。

等火烧旺以后，她又把拔火筒放上，还把炉门稍稍关小了一些。

　　"叔叔，火已经生好了！"赵冉一边擦着额头上的汗水，一边乐呵呵地向我汇报。

　　"可以啊赵冉，你的这波'神操作'，我给你打五星好评！"我笑着说，"德扬，你在家生火也是这样做的吗？"

　　"对，"德扬说，"我有时候会点着废纸，再用它引着劈柴，最后把煤引着。"

　　"嗯，看来这一套生火的操作已经成了标准流程了，然而并不是所有的人都能搞懂其中蕴含的科学道理呢。"我接着举例说，"比如说，你们知不知道为什么同样都是木头，刨花就会比劈柴更容易点燃呢？"

　　书戎还以为我是在问他，一时没想到怎么回答我的问题，只好不好意思地摇了摇头。

　　"我觉得应该是跟空气与它们的接触面积的大小有关系。"德扬搭腔了。

　　"我同意，"赵冉也说话了，"当空气与可燃物相接触的面积比较大的时候，只要一达到着火点，燃烧反应就会进行得非常快，甚至还可能发生爆炸。一块木头，如果劈成了劈柴，就会增加它和空气相接触的面积；如果再进一步刨成刨花，那么接触面积就会增加得更多了！……"

　　"我们来计算一下吧。"没等赵冉说完，德扬就拿出纸笔算了起来。他在纸上先画了一块劈柴，用符号标上尺寸，然后写下了一个计算公式，边写边说："假设这块劈柴的总表面积原来是 S_0，竖劈了 n 次以后，总表面积就会变成 S_n，那么，

它和 S_0 的关系就是：

$$S_n = S_0 + 每劈一次增加的表面积 \times n$$

$$= （2ab+2ah+2bh）+（2bh \times n）$$

$$= 2[ab+ah+（n+1）bh]。"$$

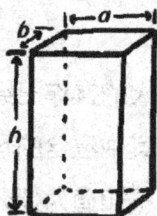

为了解释清楚这个公式的含义，德扬还给大家举了一个例子："比如，取长为 5 厘米、宽为 3 厘米、高为 10 厘米的一块劈柴，劈 9 次，它的表面积增加到了原来表面积的近 4 倍。"他一边说着，一边写出了算式：

$$\frac{S_9}{S_0} = \frac{2 \times（5 \times 3+5 \times 10+10 \times 3 \times 10）}{2 \times（5 \times 3+5 \times 10+3 \times 10）}$$

$$= \frac{730}{190} \approx 3.84。$$

我在一旁没有说话，默默地看完德扬的计算过程，赞许地说道："经过德扬这么一算，问题就非常清楚了。这确实就是木片或者刨花比大块劈柴容易燃烧的道理。换句话说，人们在劈柴的时候对木柴做了功，从而让燃烧时候发生的化学反应速度变快了。"

怎么让炉火更快地燃起来

可能因为炉子是"承包"给赵冉生火，所以她比谁都关心炉火旺不旺，在我说话的时候，她就走到炉子跟前去了。她低头一看，不由自主地"哟"了一声，然后弯下腰，把炉门关小到大约只有一个手指宽。

"怎么啦，赵冉，是火还没有上来？"我问。

"是的，"赵冉不好意思地说，"我刚才把炉门开得太大了，引火炭已经着完，可是只烧红了蜂窝煤的 6 个洞。"

"没关系，把炉门关小一点，等一会

151

儿火会很快着上来的。"我有把握地说。

"咦，这就怪了，要使火快一点着上来，为什么不开大炉门呢？"书戒疑惑不解地问，"开大了炉门，进入炉膛的空气多，氧气供应充足，不是可以使燃烧更旺吗？"

"你只知其一，不知其二，"德扬深有体会地说，"以前我打开封着火的炉子，想让火快一点着上来，就把炉门开到最大。没想到适得其反，火上得很慢，有一次还把炉子弄灭了呢！后来，妈妈教我说，开始的时候，要把炉门开一条缝，等到火逐渐着旺以后，再把炉门开大一点，但最大也不要超过炉门宽的一半。嗨，这样做还真灵，一般只用十几分钟，火就着旺了。"

德扬说的这些，使书戒更糊涂了，他自言自语地咕哝着："这是什么道理呢？我怎么一点儿也不明白？"

我看赵冉和德扬也都面面相觑，说不清这一个看起来很简单的问题，就提示说："为什么我们可以用一口气就把燃着的蜡烛火焰吹灭？"

"因为吹过去的气体使蜡烛火焰的温度降低到了蜡烛的着火点以下。"赵冉敏捷地回答。

"假如我们向烧得比较旺的炉子火焰吹风，又会怎么样呢？"

"火焰会烧得更旺。"德扬抢着说。

"说得对！"我解释说，"同样是吹风，之所以会产生不同的后果，主要是因为吹过去的风对火焰同时有两个作用：一是向正在进行燃烧的反应供给更多的氧气，使燃烧更旺；二是降低火焰的温度，阻碍燃烧的进行。因此，吹过去的风是不是使火燃烧得更旺，就要看这两个作用哪个占优势了……"

"哦，我知道了！"没等我说完，德扬急不可耐地说，"炉子的炉门刚刚打开的时候，火着得不旺，要是一下子把炉门开大，进的冷空气多，降温的作用就更大，对燃烧不利。炉火已经着旺的时候，再把炉门开得大一些，供给更多的氧气，就会使火着得更旺。"

听完德扬的分析，书戒也兴奋地说："啊！现在我也明白了。"接着他还分辩了几句，"我刚才之所以产生疑问：一是因为我家用的是天然气，我没有使用炉子的经验，对炉火快上的窍门一无所知；二是怪我对燃烧的知识运用得不灵活，不会用它去分析实际问题。"

"好，这后一条书戒总结得太好了！"我鼓励说，"本来嘛，化学就是一门紧密联系实际的学科，我们不但要掌握化学知识，而且要会运用学到的知识去分析和解决实际问题。"

我没注意赵冉又去看炉子了。我刚说完话，只见她在炉子旁边笑逐颜开地喊道："叔叔，炉火上来啦！"

我过去一看，可不，火已经熊熊地着起来了。我立刻叫书戒去灌一壶凉水放到炉子上。可能由于他把水灌得太满，加上他放的时候又有点儿慌，所以把水洒了一些到炉子里。这样一来，本来就着得很旺的火焰，"轰"的一下蹿得更高了。这一新奇的现象，引起了书戒他们的兴趣，于是他们七嘴八舌地议论开了。

为什么水既能灭火也能助燃

　　"咦，叔叔，水火不相容，水怎么也能助燃呢？"看到刚才火苗突然蹿高的情景，赵冉惊异地问。

　　"嘿，这有什么值得大惊小怪的？"书戎得意扬扬地解释说，"水是由氢和氧两种元素化合而成的。水洒到火上，因受炉火的高温作用发生分解反应，生成氢气和氧气。由于氧气能助燃，氢气能燃烧，不就使炉火变得更旺了！"

　　"得啦，书戎，你是在胡解释吧？"德扬一本正经地说，"我看到一本书上说，水分子里的氢和氧结合得很牢固，要很高

154

的温度才能把它们拆开，分解成氢气和氧气。炉火的温度应该
没有那么高吧？"

"德扬说得对，"我肯定说，"普通的炉火温度是不可能
把水分解成氢气和氧气的。"

"那为什么炉子里洒上一些水，火反而烧得更旺呢？"书
戎不服气地问道。

"你忘啦？"我提醒说，"碳在炽热的条件下是一种很强
的还原剂呀！"

"哦，我知道了，"德扬高兴地抢着回答说，"煤炭的主
要成分是碳，和水发生反应的时候，碳把水里的氧夺过来，本
身被氧化，生成一氧化碳，同时氢也从水分子里被还原出来。"
说完他写出了下面的反应方程式：

$$C+H_2O \xrightarrow{\text{高温}} CO+H_2 。$$

"哦，原来是这样！"赵冉兴奋地说，"水跟炽热的碳反
应生成一氧化碳和氢气，这两种气体遇氧都能燃烧，放出大量
的热，所以水起到了助燃的作用。"

接着，德扬又写出了燃烧过程的反应方程式：

$$2CO+O_2 \xrightarrow{\text{点燃}} 2CO_2 ，$$

$$2H_2+O_2 \xrightarrow{\text{点燃}} 2H_2O 。$$

"但是要注意，碳和水反应生成一氧化碳和氢气，需要在
高温和水量比较少的条件下，"我补充说，"假如水量大了，
水不但不能助燃，反而要灭火了。"

"叔叔，我正想问水为什么又能灭火呢。"赵冉直率地说。

"这是因为，液体的水遇到火以后，马上会变成水蒸气，这个过程中需要吸收大量的热；而碳跟水的反应也是一个吸热反应。当大量的水浇到煤火上的时候，煤炭的温度立刻降低，热量不够，也就不会发生碳跟水的反应，火就有可能被扑灭了。"

我说到水能灭火，德扬便回忆起了他们村发生过的一起水使火越烧越大的火灾："去年夏天，马叔叔一不小心，把半桶柴油点着了，他手忙脚乱地提来一桶水，往火上一浇，没想到火顿时从桶里蹿到桶外，把车也烧坏了……"

"这是不懂得科学知识造成的！"我插了一句。

"本来嘛，水能灭火，是指能灭煤炭、木柴等固体燃料燃烧的火，可以把燃烧的固体和空气隔绝，"德扬继续说，"而油类着火，由于水的密度比油的密度大，油总是漂在水面上，没法把油跟空气隔绝，油反而溢出来了，当然就会继续燃烧，而且燃烧的面积也扩大了。"

"德扬说得完全正确，"我肯定说，"要记住，遇到油类着火，得用泡沫灭火器、干粉灭火器等去灭火。没有这些灭火器，就用沙子把油和空气隔绝，也能起到灭火的作用。"

冬季谨防一氧化碳 "偷袭"

可能因为赵冉家用的是煤炉，她非常关心煤气的问题："叔叔，从刚才德扬写的方程式来看：

$$C + H_2O \xrightarrow{\text{高温}} CO + H_2$$

只有当水洒到炽热的煤炭上，或者燃烧潮湿煤炭的时候，才会产生一氧化碳，对吗？"

"是的，这是产生一氧化碳的一条途径，"我回答说，"但是，煤炭在燃烧过程中，即使没有洒水，也随时都在产生煤气，你们知道这一条途径吗？"

三个小家伙都陷入了沉思。赵冉最认真，她瞪大了双眼，目不转睛地看着炉子。但还是德扬先开了腔："从煤炭的燃烧过程来看，当它在空气里充分燃烧的时候，会生成二氧化碳，同时放出大量的热，也就是

$$C+O_2 \xrightarrow{\text{点燃}} CO_2。$$

但是，当它燃烧不充分的时候，就会生成一氧化碳，同时也放出热，就是

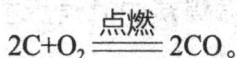

$$2C+O_2 \xrightarrow{\text{点燃}} 2CO。$$

这就产生一氧化碳了！"

"哟！煤气这么容易产生啊？"赵冉有一点儿神色紧张了。

"是的，"我进一步说，"在煤炭燃烧过程中，总是要产生二氧化碳和一氧化碳的，特别是在温度高、氧气供应又不充分的情况下，生成的一氧化碳会更多。许多人一听生成一氧化碳就紧张，觉得这了不得。其实在炉火燃烧过程中，很难完全避免产生一氧化碳。一是前面说的碳燃烧不充分，会产生一氧化碳；二是炉子下层生成的二氧化碳通过中层的炽热的碳，也会生成一氧化碳。"我一边说一边写下下面的反应方程式：

$$CO_2+C \xrightarrow{\text{高温}} 2CO。$$

我又接下去说："你们注意到炉火的蓝色火焰了吗？那就是一氧化碳到了煤炭上层后有了充足的空气，又燃烧生成二氧化碳的现象，而蓝色火焰就是一氧化碳燃烧时的样子。所以，

只要炉子上面空气充足，蓝色火焰着得旺，你倒用不着怕。"

"要是燃烧不充分，一氧化碳烧不完，跑到空气里，就会引起煤气中毒吧？"赵冉问。

"是的。既然炉子燃烧过程中一氧化碳的生成不可避免，我们就得想办法对付它。如果你不想办法对付它，那就会发生煤气中毒！"我知道德扬家用的也是煤炉，所以有意把预防煤气中毒的事说得比较详细。我问："你们知道怎样对付一氧化碳吗？"

"这还不简单？"书戎不假思索地说，"一闻到煤气味就赶快把炉子搬到室外去呗！"

"一氧化碳能有气味吗？"德扬问了书戎一句。

"怎么没有？"书戎不服气地说，"刚才赵冉生火的时候，你没有闻到一股呛鼻的气味？！"

"哈哈，你是张冠李戴了！"我提醒书戎说。

"你忘啦，咱们化学书上说得明明白白，"德扬一个字一个字地说，"一氧化碳是一种没有颜色、没有气味的气体！"

"书戎，你也学过这一段吧，怎么也把呛鼻气味说成是一氧化碳的呢？"我指着书戎说，"一氧化碳是没有气味的，你们刚才闻到的呛鼻的气味，那是一些含硫的化合物产生的。它们是煤炭里含的少量硫的化合物燃烧后产生的气体，也有一定的毒性，但是比一氧化碳毒性小得多。所以用闻气味来判断空气里有没有一氧化碳是不科学的，而且还会误事！"

书戎被我和德扬说得低下了头，知道自己说错了。但是他嘴里还在嘟哝："反正我家用的是天然气，不会煤气中毒。"

"看来你如果使用煤炉呀，就非中毒不可！"我用手拍了拍书戎的肩膀后认真地说，"要预防煤气中毒，得从两方面采取措施。一方面，是学会科学地使用煤炉，比如放煤炉的屋子里，空气一定要流通；在炉火旺的时候，要把炉门开大，向炉里供应充足的空气；等等。但是，即使这样做了，从炉子里跑出微量的一氧化碳仍然是有可能的。所以，另一方面，在用煤炉取暖的时候，一定要千方百计不让煤气污染室内空气、逞凶害人。办法就是给煤炉装上烟筒，让煤气经过烟筒排到室外；在冬天门窗紧闭的时候，可以在窗户上方安一个风斗，由于煤气的密度比空气的密度略小，风斗就能充当排出煤气的通道，同时使室内空气保持流通。"

"我们家既装了烟筒，又安了风斗，那是万无一失的。"德扬得意地说。

"这样当然比较安全了，但是仍然不能麻痹，"我叮嘱说，"要检查烟筒是不是装得严实，有没有漏气的地方；晚上封火的时候，别忘了打开炉子的活门，以让炉里产生的煤气畅通地排到室外。烟筒使用一段时间，得敲敲它，特别是烟筒拐脖处，别让煤灰把烟筒堵住。"

德扬和赵冉听了不住地点头。

不知不觉已经是十二点半了，兴致勃勃的谈话使我忘记了做饭。我打开冰箱一看，昨天买的面包香肠还没吃呢，于是笑着说："孩子们，今天上午不开火了，冰箱里有面包香肠，我们用微波炉热一下就开吃！"

"谢谢叔叔！"

"别客气，快洗洗手进屋吃去，"我说，"我去给你们倒茶水。"

"行，这面包香肠救了我们的急，"书戒喜滋滋地说，"咱们进屋快吃快喝，吃饱喝足了接着谈。"

"不，咱们不能搞得太紧张了，"我坚持说，"再说，下午谈什么，我还没有考虑好呢！"

"对啦，叔叔，"德扬向我投来征询的目光，"下午到我们村里去，好吗？"

"太棒啦！"书戒拍着巴掌，兴奋地支持德扬的想法说，"叔叔，下午我们就来一次郊游，一路上谈谈农村里的化学。"

考虑到化学跟农业生产关系密切，加上书戒和赵冉对农村几乎一无所知，带他们去农村看看确实很有意义。同时也为了不使德扬失望，我欣然同意说："好，下午咱们就去德扬家，谈什么先不定，到时候'触景生情'，见到什么跟化学挂得上钩，咱们就谈什么。"

不同化肥存放有讲究

吃完饭，我和三个孩子蹬着自行车，在近郊公路上前行。

"还是农村好，空气多新鲜呐！我得好好吸点负氧离子！"书戎说了好几次这样的话，并用鼻子使劲地吸气。

"是啊，空气里的污染物质少，负氧离子多，自然要比城区的空气新鲜得多喽！"我顺口应了一句。

没多久，德扬带我们走到一块菜园旁边。园子里种着架豆、黄瓜、西红柿，还有萝卜、土豆等。园子的一角有一间小屋，另一角有一个加了盖的化粪池，池边还有

一个小土包似的肥堆……

"老师，欢迎您来我们家做客！"我正在扫视园子的时候，德扬的爸爸从架豆棚里钻出来向我打招呼。他跟我年纪相仿，身材魁梧，头戴一顶半新的草帽，酱红色的脸上堆满了热情和欢乐。"德扬，快让老师和同学到家里歇歇！"

"我们先看看您的园子，也好让他俩长点知识。"我拍拍书戎和赵冉的肩膀。

"先看看园子也好，"老辛把我们请进园子，打开了小屋的门，一边招呼我们坐下，一面支使德扬，"你快回家去拿点冷饮来。"

"这小屋是您的贮藏室吧？"我打量了一下地上撒了石灰的屋子问道。

"是的，"老辛点点头，"主要用来存放肥料、工具等。"

一听"肥料"，我立刻想到了一个很好的话题，情不自禁地对书戎和赵冉说："对，咱们就在菜园里谈谈有关化学肥料的一些问题。"

"哎，叔叔，这屋里没多少化肥呀，"书戎仔细地环视了屋里的东西之后说，"不是就只有木板架上放着的两袋硝酸铵吗？"

"不，我这儿肥料的品种不少，氮肥、磷肥、钾肥全有，"老辛指着坛坛罐罐，如数家珍，"瞧，这两个小口坛子里装的是氨水。那个大缸里装的是尿素，小一点的缸里装的是硝铵，因为它的包装袋坏了。那个敞口的细高瓷缸里装的是普钙（过磷酸钙又称普通过磷酸钙，简称普钙）。"接着他走到门外，用手指着地的一角说，"那边还有一个粪坑，专门沤粪肥的。用塑料布盖着的是一堆灰肥。"

"嘿，辛叔叔存放肥料还挺讲究的。"赵冉说。

"对，这肥料存放就得这么讲究，"老辛认真地说，"如果不讲究，时间一长，肥分就会白白跑掉。"

可以看得出，德扬的爸爸对存放化肥很有经验。这时候德扬提来了一壶冰凉的酸梅汤，不用问，准是从冰箱里拿出来的。

"来，老师，趁凉快喝吧。"老辛客气地先让我喝，"喝完我们就和孩子们一起摘豆角。"

"叔叔，辛叔叔这样存放化肥为什么符合科学？"书戎在想化肥的问题。

"德扬，你知道吗？"我问，"氨水为什么要装在小口的坛子里？"

"知道，"德扬胸有成竹地说，"氨水是氨（NH_3）的水溶液。它极易分解、挥发，放出有刺激性气味的氨气。特别是在氨水浓度大、气温高的时候，氨气挥发得更厉害。放在小口的坛子里，密封好，氨气就跑不出来，肥分就不会损失了。"

"那尿素和硝铵为什么要放在缸里，还要盖上盖呢？"赵冉好奇地问。

"因为化肥一般都有不同程度的吸湿性，也就是吸收空气里的水汽而逐渐溶解，"德扬对答如流，"硝铵和尿素的吸湿性在化肥中是最大的。如果密封的包装袋破了，就必须把它们放到瓦缸里，用盖盖严。即使包装袋没有裂口，也不能把它们放在潮湿的地上，而要放得至少离地面一尺（1 尺 =1/3 米）高。

我家那两袋硝铵就放在木板支架上了。"

　　"咳，有一年我把一袋包装袋破了的硝铵放在地上，没过几天，它就结成了一大堆硬疙瘩，屋里还充满了氨臭味。"老辛回忆起那次失误的事。

　　"说起硝铵结成硬疙瘩，还得注意不能使劲砸，您知道硝铵是一种炸药吗？"我提醒说。

　　"啊，这普钙不就是普通过磷酸钙吗？它又不怎么吸水，为什么也要放在瓷缸里呢？"书戒对化肥存放的问题还在刨根问底。

　　"这我就说不太清了，"德扬回忆说，"前年，我爸爸把普钙放在一个铁桶里，过了一段时间一看，铁桶竟被腐蚀了。后来改用瓷缸，一点事儿也没有。"

　　"这普钙对铁桶、麻袋、纸袋的腐蚀性都是很大的，"我补充说，"因为这种肥料是用磷矿粉跟硫酸发生化学反应制成的，里面含有游离的硫酸。你们想，硫酸腐蚀铁，还不是轻而易举的！"

"各显神通"的氮肥家族成员

接着我又问："你们知道这小屋里的肥料哪些是氮肥吗？"

没想到我话音刚落，赵冉就脱口而出："氨水、尿素和硝铵都是氮肥。"

我点点头说："是的，氮肥是一个很大的肥料家族。工厂里生产出来的氮肥还有硫酸铵、氯化铵、碳酸氢铵和硝酸铵钙等。在肥料三要素氮、磷、钾中，以氮为主要成分的氮肥的用量是最大的。氮元素是组成茎、叶的重要成分。在植物生长过程中，假如氮元素供应不足，叶绿素的含量就会减少，叶片就会发黄；蛋白质的形

成也会受到限制，使作物长得矮小、细弱，产量降低。"

"既然都是氮肥，起的作用一样，干吗要生产那么多种类呢？"书戎又问。

"因为它们各有千秋，可以'各显神通'啊！"我回答说，"比如氨水，它的含氮量比较高，每100千克氨水含氮15~17千克，且价格低廉。它是一种适合各种作物的速效肥料，施入土壤以后，作物能够很快地吸收，不会残留有害物质，对于酸性土壤还能起改良的作用。"

"氨水深施到土层里，或者随灌溉水流入地里，肥效确实发挥得非常快，哪一种化肥都赶不上它。"老辛接着我的话茬说，接下去又表现出遗憾的神情，"可惜它是液态的，装运太不方便了；一打开坛盖，那味儿直呛鼻子、眼睛，让人嗓子眼儿都不好受；要是浓氨水溅到皮肤上，还能把皮肤'烧'伤。"

我又接过老辛的话茬说："所以，人们想方设法生产固体氮肥。各种铵盐，就是利用酸和氨发生反应制成的。"我撅了一节细竹竿，一边蹲在地上写，一边举例说，"比如，让氨和硝酸反应，就合成硝酸铵：

$$NH_3+HNO_3 \rule[0.5ex]{2em}{0.4pt} NH_4NO_3;$$

让氨跟硫酸反应，就合成硫酸铵：

$$2NH_3+H_2SO_4 \rule[0.5ex]{2em}{0.4pt} (NH_4)_2SO_4。$$

……"

"硫酸铵的俗名就叫肥田粉吧？"德扬插了一句。

"是的。"我继续说，"让氨和盐酸反应，就化合成氯化铵：

$$NH_3+HCl \xrightarrow{\quad\quad} NH_4Cl;$$

而让氨水和二氧化碳反应，就生成碳酸氢铵：

$$NH_3+H_2O+CO_2 \xrightarrow{\quad\quad} NH_4HCO_3。$$

这是一种很不稳定的氮肥，受潮的时候在常温下就能分解出氨气。"

"叔叔，尿素也是铵盐吗？"

"不是，"我回答说，"尿素是用氨和二氧化碳在高压、加热的条件下制成的一种高效氮肥：

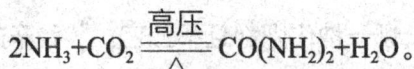

$$2NH_3+CO_2 \xrightarrow[\triangle]{\text{高压}} CO(NH_2)_2+H_2O。$$

这是一种白色或淡黄色的粉末或粒状晶体。在氮肥家族中，尿素的含氮量较大，达到 46%。有一个统计数字很能说明尿素为什么受欢迎：1 千克尿素可以抵得上 2.20 千克硫酸铵，或约 1.33 千克硝酸铵，或约 50 千克人粪尿；如果施用得当，每千克尿素可以增产粮食 7.2 千克或棉花 2 千克。另外，施用尿素对土壤没有任何不良影响。因为它在土壤里经过微生物的作用，发生化学变化，先生成碳酸铵：

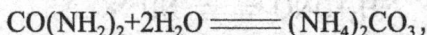

$$CO(NH_2)_2+2H_2O \xrightarrow{\quad\quad} (NH_4)_2CO_3，$$

碳酸铵容易溶解于水，解离出铵离子，被作物根毛吸收，而碳酸根离子却变成二氧化碳跑掉了。"

"尿素的肥效可好啦，所以每次的施用量不能太大，"老辛慢条斯理地说，"我第一次施用尿素，把它看成跟氨水一样，结果施多了，把一畦小白菜全肥死了。还有，尿素不能跟灰肥混合在一起……"

柴草烧成的灰是什么肥料

"灰肥就是草木灰吗？它是一种什么肥料？"书戒听到灰肥，就插进来问。

"灰肥是草木灰，是柴草烧成的灰，"德扬很熟悉地介绍着，"它的主要成分是肥料三要素中的钾，不过它不属于化肥。"

"那边不是有一堆灰肥吗，你们可以去看看。"老辛领我们来到肥堆旁，随手揭开塑料布。

"我看书上写的，草木灰的颜色好像是黑灰色的。"书戒犹豫地追问，"怎么这堆灰的下面一半是黑的，上面一半又是灰白色的？"

"哦，这灰是两次烧成的。"老辛解释说。

"大概两次燃烧的情况不一样吧？"我猜测地问，"草木灰一般是黑灰色的粉末。但是，如果柴草燃烧不充分，灰里残留了许多游离的碳，就成了黑色的；如果燃烧温度过高，柴草里的钾和硅酸熔化在一起，形成硅酸钾（K_2SiO_3），灰就呈灰白色。草木灰的主要成分是碳酸钾（K_2CO_3）和少量的钙、镁、磷的化合物，是一种有助于作物生成蛋白质和淀粉的有机肥料，特别适用于黄豆、花生、土豆和白薯等作物。"

"灰肥真是一种好肥料！"赵冉说，"对啦，叔叔，为什么要用塑料布把它盖得严严实实的呢？"

"刚才我不是说过，灰肥的主要成分是碳酸钾，它极容易在水里溶解，如果不盖好，雨水一淋，肥分钾离子不就流失啦！"

"辛叔叔说过，草木灰不能和尿素混合，这又是什么原因呢？"书戎又问。

"哦，草木灰是一种碱性肥料，它跟人粪尿、尿素、铵盐等混合，就会发生化学反应，放出氨气，降低氮肥的肥效。"我接着边用细棍在地上写边说，"比如硝铵和灰肥混合，它们将发生复分解反应，结果引起氮元素的大量损失：

$$2NH_4NO_3+K_2CO_3 === 2KNO_3+(NH_4)_2CO_3，$$

$$(NH_4)_2CO_3 === 2NH_3\uparrow+CO_2\uparrow+H_2O。"$$

"老师说得对呀！"老辛叹着气说，"可是，我们村里有的人，还是按老习惯把粪尿、硝铵等肥料跟灰肥混合着施用，唉，真是没有办法！"

认识一下·地里的"小·肥料库"

"辛叔叔，您这菜地里的土乌黑乌黑的，一定是施了很多草木灰吧？"赵冉盯着菜园黑油油的土问。

"不是，"老辛摇摇头说，"我没施多少灰肥。"

"那土怎么这样黑呢？"赵冉自言自语。

"这有什么奇怪的，"我平淡地说，"因为地里有许多'小肥料库'呀！"

"什么?!"书戎听了更惊异，"地里还有'小肥料库'？"

"是的。"我语气肯定地说，"土的

颜色越黑，表示里面的'小肥料库'越多，地也越肥。'小肥料库'就是土壤里的腐殖质，有人还赞美它是'黑金子'呢。"

对于"小肥料库"、腐殖质、"黑金子"这一串陌生的名字，赵冉和书戒只是觉得新奇，没有什么感性认识。德扬就不一样了。也许由于他多看了一些关于农业生产知识方面的书，还经常参加劳动，所以对"黑金子"不但有深厚的感情，而且能头头是道地说出它的来龙去脉。

"腐殖质是名副其实的'小肥料库'，"德扬接过我的话说，"它是由人畜粪尿、绿肥、灰肥、残枝烂叶等有机肥料，经过土壤微生物的作用形成的。"

可能书戒和赵冉不懂"土壤微生物"是什么，眼睛直盯住我。

"土壤微生物就是土壤里的细菌，"我解释说，"细菌的本事可大啦，能把土里的有机物质转化成无机物质。没有细菌，人畜粪尿、绿肥等农家有机肥料就沤不烂，里面的各种肥分就没法被作物吸收。那个化粪池里的粪能腐熟，也是细菌立下的功劳。"

"正是在细菌的作用下，土里的有机物质的颜色才逐渐由黄褐色变成红褐色、暗褐色，最后变成黑色，成为'黑金子'——腐殖质，"德扬滔滔不绝地说，"腐殖质含的肥分可丰富啦，作物需要的氮、磷、钾等它都有。腐殖质的内部结构比较复杂，里面的各种肥分不容易一下子变成无机物质，而是慢慢地分解，细水长流地供给作物需要。所以，说它是一个综合性的'小肥料库'，真是名不虚传。"

"腐殖质除了起肥料库的作用外，还能在其他方面大显神通呢，"我也赞扬起腐殖质来，"首先，腐殖质浑身黑色，白天能吸收大量的阳光，使土壤温度升高，给细菌繁殖提供温床，有利于作物发芽、生长。其次，腐殖质可以改良土壤的性质，它能把土粒粘在一起，使沙性土不松散；它夹杂在土壤里，又能使黏土变疏松，增强土壤的通气透水性。还有，它能调节土壤的酸、碱性，消除施肥的时候可能带来的酸性或碱性的不良影响。"

"哦——难怪人们赞美腐殖质是地里的'黑金子'呢！"听了半天，书戎这才明白。

赵冉发现小白菜地旁有一个喷农药的喷雾器。她正要把它扶起来，想问关于农药方面的化学问题，德扬的爸爸说话了："已经 11 点多了，这豆角也摘够了。咱们回家吃饭吧。吃了饭我还要把这些豆角送到城里去呢。"

赶巧，德扬的妈妈也在家门口喊了起来："德扬，眼看就到中午了，还不快让老师、同学到家来！"

"好，我们这就回去！"老辛大声地应着。

一看这架势，我也只好"入乡随俗"，听从主人的安排，匆匆地结束了菜地里的谈话。我们推着自行车，跟随在老辛的后面，说说笑笑地向一幢四周砌着围墙的新楼走去。

第 5 章
生活用品与化学

　　一进德扬家,我简直不敢相信这就是一个普通农民的家庭。一幢两层小楼,客厅里有大沙发、立式空调,小柜上放着一台大彩色电视机。长条桌上一个彩釉瓷盘里放着一个烤漆的茶叶筒、4 个玻璃杯和两个带盖的花瓷杯;另一个浅绿色的玻璃盘里,立着一个大凉壶和 4 个带把的玻璃杯。窗台上放着几盆花,花盆颜色也相当漂亮,有紫红色、青灰色,还有上了釉的墨绿色、杏黄色。饭桌上的餐具一色是细瓷的碗、碟,有的还带有绚丽的图案和金边,砂锅里是红烧肉,紫陶蒸汽锅里蒸着一只鸡……

　　"您是老师,第一次来我家,可不要见笑啊。"健谈、好客的德扬妈妈热情地招呼说。

　　"大嫂,您太客气了!"

　　"客气什么呀!您大老远地来我家,没有什么好吃的,都是自家的土货,"德扬妈妈连珠炮似的说,"快上桌吃饭吧,吃完了好歇一会儿。"地转身又对德扬的爸爸说,"你还愣什么神呀,快陪刘老师他们先吃,我再去炒几个菜。"

究竟什么是陶器，什么是瓷器

　　吃饭的时候，德扬爸爸打开了电视机，
电视上放着《在希望的田野上》音乐会。

　　我们边吃边聊这几年农村的大变化。
德扬爸爸、妈妈一席深情、朴实的谈话，
使我受到了生动的教育：我们的祖国充满
了生机和希望，明天一定会更加美好！

　　饭后，德扬妈妈为我泡了茶。书戎他
们想喝冷饮，她就从电冰箱里取来了几瓶
自制的橘子汁。她劝我们休息一会儿，可
是小伙伴们不从，要我立即讲身边的化学。

　　"先讲什么呢？"我想了想，拿起花
瓷杯说，"要不就从这儿开始谈谈家用陶

瓷吧。"

"家用陶瓷？其实这没有什么好谈的，不就是盆盆罐罐、杯盘碗碟吗！"书戎对这不感兴趣，也缺乏这方面的基础知识。

"哼，你说得也真轻巧！"我问书戎，"陶瓷的化学知识你都清楚吗？"

书戎被我问哑了。

"我对家用陶瓷倒是很有兴趣，"还是德扬先开了腔，"我不久前看到一本书上说，陶瓷是我国劳动人民的伟大发明之一。早在公元前几千年的新石器时代，我们的祖先就已经制出了陶器，以后又发明了瓷器。我国的瓷器刚传到欧洲的时候，被人看作珍宝，甚至比黄金还值钱。在外国人的眼里，瓷器是中国的代名词，所以在英语里瓷器就叫'china'，和'中国'的英文是同一个词，只是第一个字母不用大写。可是说真的，叔叔，究竟什么是陶器，什么是瓷器，我还分不大清楚呢。"

"你这个问题比较难，要从化学上给陶器和瓷器划界限，确实很不容易。"我回答说，"我国明代科学家宋应星曾经给瓷器下过一个简单、明确的定义：'陶成雅器，有素肌玉骨之象焉。'这就是说，瓷器是由陶器发展来的，和陶器比较，瓷器具有浅素的白色，像玉那样致密、半透明和不吸水。所谓'玉骨'，就是在瓷体里有相当多的玻璃质，因此瓷器比陶器质地致密、坚硬，不容易破碎。轻轻敲击瓷器，其能发出比敲击陶器清脆得多的声音。"

"按这么说，家里养花用的不带釉的灰色、红色的瓦盆，很像灰砖、红砖，那就是陶器了。"德扬指着窗台上的花盆说。

"是的，"我说，"陶瓷属于硅酸盐制品，和水泥、玻璃等一样都以硅酸盐作为主要成分。像砖瓦那样的不带釉的花盆，确实是地地道道的陶器。但是，有釉的也并不一定不是陶器。比如那两个墨绿色和杏黄色的花盆，带有光滑的瓷釉，看起来像瓷盆，其实你打碎一看就知道，它的破片儿跟砖瓦差不多，所以它们都是陶器。"

"哦，"赵冉说，"看来区别陶器和瓷器的主要标志，并不在于带釉、不带釉。"

听到这儿，书戒也被我们的话题吸引住了，他插话道："叔叔，我家有一个放米的缸，不但有釉，而且比陶器结实得多，敲起来当当有声；但是它又不像瓷器那样洁白、好看，它算什么器呢？"

"你家的那个米缸嘛，"我回答说，"它是一种介于陶器和瓷器之间的陶瓷制品。有人把它专门划归为一类，叫作缸器，也叫炻（shí）器。"

"叔叔，照您的说法，是不是可以说，陶器是一种比瓷器低级的硅酸盐制品？"德扬又问。

"从陶瓷制品的历史发展来看是这样，从制造上看也是这样。制造瓷器选料严格、要求高，必须选用含铁量尽可能少的高岭土、长石和二氧化硅等，在 1200 摄氏度以上的温度下烧成，工艺比制陶复杂得多。而陶器一般是用普通黏土作为原料，在 900~1000 摄氏度的温度下烧成，工艺也简单一些。"

"啊，叔叔，既然陶器是一种低级的硅酸盐制品，那为什么我爸爸买了一种宜兴产的紫砂陶器，送给他外国朋友作为礼物呢？"赵冉又提了新问题。

"哦，这也不是绝对的。"我有幸参观过宜兴紫陶工厂，所以没有被赵冉这突如其来的问题问住，"宜兴紫砂陶器是我国的特产。它是用一种紫砂泥作为原料，经过精心制作，在比较高的温度下烧成的一种陶器珍品。刚才吃饭的时候，德扬家做鸡的那个蒸汽锅，就是紫砂陶器。这种紫陶在国内外都享有盛名。我那年去宜兴，就买回来好几个紫陶茶壶。"

"对，我家的一个紫陶茶壶就是叔叔送的。"书戎抢着说，"没想到它这么名贵！"

"我家也有一个，"德扬从另一个房间拿来紫陶茶壶，得意地说，"它和蒸汽锅都是我的一位在无锡工作的表叔送的。他还说，它是正宗的宜兴紫陶。"

揭秘瓷器外面绚丽多彩的釉

"但是，我认为陶器一般来说总是不如瓷器好，"赵冉说，"我特别喜欢画有各种彩色图案的瓷器。"

"我也喜欢绚丽多彩的瓷釉。我家的彩色瓷猫可好看啦，是'瓷都'景德镇生产的！"书戎喜滋滋地说，"可是，我就想不出来，这彩釉是怎样形成的？"

"这又得我来讲了，"我看德扬和赵冉都不作声，就笑着说，"那好，咱们先从彩釉的发展说起吧。最早出现的釉呈青色，这是坯子上涂的釉浆里含的氧化铁经过焙烧变成亚铁化合物产生的颜色。以后

生产的青色釉，品种越来越多。这些釉的质地和色彩，主要受氧化铁含量和焙烧时窑里气氛的影响。"

"窑里气氛是指什么呢？"德扬好奇地插问了一句。

"哦，这是指窑里高温气体的氧化还原性质。比如，在釉浆里氧化铁的含量是 1%~3%、窑里缺氧、一氧化碳含量比较高的情况下烧制，可以使部分氧化铁还原成氧化亚铁，生成青色釉。如果有比较多的空气进入窑里，氧气含量提高，釉浆里有更多的铁以氧化铁存在，生成的釉就呈深浅不同的黄色。适当控制釉浆里氧化铁的含量，用氧化焰可以生产出红、褐、黑等色调的釉。"

"叔叔，可是彩釉的颜色丰富多彩，并不只有青、黑、红、褐这几种啊！"赵冉提出疑问。

"这是因为彩釉里还加有别的发色元素。金属元素铜、钴、锰、铬等都是我国彩釉常用的发色元素。比如，氧化铜在氧化焰下呈现绿色，在还原焰下呈现红色；用钴作为着色剂的釉，在 750 摄氏度的温度下烧呈蓝色；含锰的釉呈美丽的紫色；用铬盐作为着色剂可以得到豆色；用锑可以得到蛋白色……如果用各种釉浆画成鱼虫鸟兽、花草树木，经过焙烧，就可以得到五彩缤纷、招人喜爱的图案。"

"叔叔，有一次我跟妈妈去商场，看到有一位老大爷买了一种窑变釉瓷。我们也想买，但又不敢买，因为不知道这是一种什么瓷。"

"窑变釉瓷是一种十分名贵的瓷器，"我赞赏地说，"它是在烧窑的时候，由于工艺条件偶然变化而制成的。很多年前，我国有一个瓷厂在烧制艺术瓷的时候，发现一只瓷马出现了和斑马一样美丽的色彩。这在科学不发达的古代，最初被认为是大自然神奇的力量在起作用。实际上这是釉的成分偶然发生意外变化造成的。比如，在氧化铁青色釉里无意中混入了氧化铜，氧化铜产生的红色和氧化铁产生的青色一调和，就可能变成紫色。后来，人们摸索出产生窑变的工艺技术。宋代钧窑的窑变釉瓷很有名。明清时候，人们更能有把握地烧制窑变釉瓷。现在，人们已经能够应用化学方法，有目的地改变瓷釉的原料成分，按照需要烧制各种窑变釉瓷了。"

赵冉也和一般女孩子一样，喜欢鲜艳的色彩，她说："我最喜欢那些五彩缤纷的彩釉餐具，用这些餐具吃饭好像连食欲都能增加。"

"赵冉，你喜欢用彩釉餐具，可得小心别中毒！"德扬半真半假地说。

"你也太会唬人了，"书戎怀疑地对德扬说，"用彩釉餐具还能中毒？"

"这可不是开玩笑，是我从一本书上看来的，"德扬分辩说，"那本书上写得一清二楚：为了保证人体健康，选购碗、盘、碟、杯等的时候，还是最好选内壁是白色的。"

"叔叔，使用彩釉餐具真能导致中毒吗？"赵冉半信半疑地问。

"德扬说得有道理，"我点头说，"因为烧制彩釉所用的彩料，是由色料和助熔剂混合烧制成的。彩料一般是含重金属离子的化合物，助熔剂一般是铅的化合物。当瓷坯经过彩画、烧结以后，由于助熔剂的作用，就能生成硅酸盐玻璃，形成非常美丽的彩釉。但是，这些彩釉如果受到酸性食物或饮料的浸泡，里面含的铅、镉等有毒元素就会溶出，污染食物或饮料。人吃下去这些被污染的东西，就可能出现不同程度的重金属中毒……"

"叔叔，您说得也太玄了！"书戎不以为意地抢着说。

"这可不是吓唬人的，"我继续说，"据报道，加拿大有一个两岁的儿童，因连续二十几天饮用装在彩釉瓷壶里的苹果汁而死亡。经过化验查明，儿童死于铅中毒，而铅就是由于酸性苹果汁的作用从彩釉里溶出来的。

"这么说，确实还是不用彩釉餐具好。"书戎这才信服了。

"那已经买了彩釉餐具怎么办呢？"赵冉想到了自己家里的一套漂亮的彩釉餐具，着急地问。

"已经买了的，当然也不能把它扔掉呀。"我接着补充说，"但是，在使用的时候要注意，千万不要用它存放酸性食品或饮料，像酸梅汤、苹果浆、醋溜白菜、酸菜、食醋等，尤其不应该长期存放在彩釉餐具中。"

水可以溶解玻璃吗

因为我讲彩釉中毒的时候提过彩釉是硅酸盐玻璃，所以讲完小心彩釉中毒，书戎马上提出一个问题："叔叔，您说彩釉是一种硅酸盐玻璃，既然彩釉里的金属元素能溶解出来，那玻璃也会溶解吗？"

"就是会溶解，也溶解得特别少，"德扬说，"那么一丁点儿，我们饮用的时候根本不会感觉到。"

"叔叔，溶不溶、溶多少，可以进行化验吧？"赵冉插了一句。

"是的，可以化验，"我点点头，接着补充说，"不过这是一种很精细的实验。

有人先把玻璃研磨成直径是 0.4~0.8 毫米的细粒，再把一克这样的玻璃细粒在适量的水里煮一小时，然后分析，测出玻璃被溶解了 0.25~0.4 毫克。这么细的玻璃粒才溶解这么一点儿，如果是光滑的玻璃杯表面，溶解量就会更少。因此，一般都认为玻璃在水里不溶解。"

"要是水里有酸性物质，玻璃就会像瓷釉那样，加快溶解吧？"书戎又问。

"是的。"我回答说，"比如窗户用的玻璃，这是一种含硅酸钠的玻璃，它会吸附大气里的水分和二氧化碳，生成碳酸钠，使玻璃受到腐蚀。假如玻璃表面再有点磨损或擦痕，腐蚀的速度就会更快，甚至会使玻璃完全失去光泽和透明度。这就是所谓的'化学发霉'。"

"我想起了一件事，叔叔，"德扬回忆说，"有一次我家新买了一个暖瓶，第一次灌水以后，倒出来的水，在阳光下可以看到有鳞片似的物质在闪闪发光，这是怎么回事呢？"

"哦，这是水对玻璃产生作用的结果，这种现象叫作'脱片'现象，"我解释说，"有人用生产日用玻璃器皿的钙钠硅酸盐玻璃做试验，把它放在一定温度的水里，经过十几小时以后，水里就会出现许多小鳞片。"

"喝这种玻璃暖瓶里的水，吃进好多'玻璃片'，不危险吗？"书戎天真地问。

"你放心好了，这种微量的脱片还不会对人体构成危害，"我说，"但是，在某些情况下使用这种玻璃就不好了。比如，不能用这种玻璃制作注射用的注射器，也不能用这种玻璃制作装注射用水或注射用药的瓶子……"

"用什么办法可以避免脱片发生呢?"没等我往下说,德扬问道。

"改用高硼玻璃,也就是在玻璃配料里加入比较多的硼砂,就不会有脱片产生了。不过,玻璃的含硼量如果少于 0.5%,这种玻璃仍然会发生脱片现象。"

"为什么不多加一些硼呢?叔叔。"

"因为暖瓶的产量很大,现在硼砂的产量还满足不了这方面的需求。所以,目前比较实际的办法,还是适当注意,不要让暖瓶里的水贮存时间太长,尽量使饮用水里少含一些脱片。"

盛热水和盛冷水的杯子有何不同

　　说到暖瓶，书戎想喝茶水了。他从瓷盘里拿起茶叶筒，往带把的玻璃杯里放了一些茶叶，然后抓起暖瓶要倒水。

　　"这不行！"我一把夺过暖瓶。

　　"怎么啦？叔叔。"书戎愣了一下，惊异地问。

　　我没有吱声，把带把玻璃杯里的茶叶倒进了一个不带把的玻璃杯里，然后把暖瓶递给书戎说："现在你倒吧！"

　　"叔叔，您这是玩什么魔术？"赵冉眨巴着眼睛，也奇怪地问。

"你们看这两个杯子，"我指着杯子说，"它们有什么不同？"

"哦，对啦，"德扬恍然大悟地说，"我爸爸刚买回来的时候说过，这带把的是冷水杯，专门用来喝啤酒、冷饮等，不能用它装热水。"

"这两个杯子是不一样，"赵冉认真地边比较边说，"一个杯壁厚，一个薄。"

"是的，这是外表上的不同。其实最主要的区别，在于做成它们的玻璃的配方不一样。"我接着补充说，"玻璃的主要成分是二氧化硅（石英）。热水杯的玻璃含的二氧化硅比较多，冷水杯玻璃里含的二氧化硅少。因为二氧化硅含量高的玻璃相对更能够经受住温度的突变……"

"哦，我知道热水杯为什么不怕开水烫了，"德扬打断我的话分析说，"它的二氧化硅含量高，这是化学原因。而杯壁做得很薄，是物理原因。因为杯壁薄，热量就会很快透过杯壁传出去，使整个杯子均匀地膨胀，不致炸裂。如果杯壁厚了，里面的玻璃受热膨胀了，而外面的玻璃温度比较低，还没有膨胀，就会因受热不均匀而炸裂。"

"分析得很好，"我称赞了一句，接着说，"冷水杯是专门用来盛冷饮的，不存在杯壁受热不均匀而破裂的问题，做得厚一点也可以更结实。所以我们用杯子的时候，要动动脑筋，讲点科学，不能冒冒失失、马马虎虎。"

　　我的话是有针对性的。因为有一年冬天，书戒往家里的两个冷水杯里倒开水，它们就接连炸裂了，但是他并没有吸取教训。

　　"其实这些道理我也懂。"书戒红着脸，不好意思地低声说。

　　"光懂不行，"我强调说，"重要的还是要会用！"

关于石灰的化学知识

"叔叔，刚才您讲玻璃，普通玻璃不是用石灰石作为原料的吗？我刚好有几个关于石灰的问题似懂非懂，您能点拨我一下吗？"德扬把话题扯开了。

"当然可以，"我爽快地说，"石灰是一种很重要的建筑材料，是由石灰石经过高温烧制而成的。明代爱国将领于谦写过一首《石灰吟》：'千锤万凿出深山，烈火焚烧若等闲。粉身碎骨浑不怕，要留清白在人间。'把这首诗表现为化学反应方程式就是：

$$CaCO_3 \xrightarrow{\text{高温}} CaO + CO_2\uparrow$$

$$CaO + H_2O = Ca(OH)_2$$

$$CaCO_3 \xrightarrow{\text{高温}} CaO + CO_2\uparrow,$$

可见，石灰的主要成分是氧化钙（CaO）。好，德扬，说说你的问题吧。"

"去年我们家造房子时买了好些石灰，都是大块的，像石头一样硬。可是过了一段时间，怪得很，一些大块石灰慢慢变成了粉末状。我琢磨，这可能跟氧化钙吸收了空气里的水分有关系。叔叔，对吗？"

"对的，氧化钙的化学性质是很活泼的。"接着我鼓励德扬说，"你再往下说呀！"

"像石头一样的氧化钙要吸收空气里的水分，并且和水发生化学反应，变成粉末状的氢氧化钙，也就是从生石灰变成了熟石灰。"德扬说完还写出了这一反应的方程式：

$$CaO + H_2O \mathrel{=\!=\!=} Ca(OH)_2。$$

"这不说得很好吗！"我肯定地说，"许多人利用了生石灰的这一特性，把它作为干燥剂使用。"

"后来要砌墙了，工人叔叔把成块的生石灰放到水里，只听得石灰噼里啪啦的响，还直冒热气，"德扬继续回忆说，"工人叔叔说，这石灰可烫啦，它能把水烧开，把生鸡蛋煮熟。我真的拿了两个生鸡蛋试了一下，一点儿也不假。叔叔，这又是为什么呢？"

"你们俩会回答吗？"

"生石灰和水的反应，好像是一个放热反应。"书戎支支吾吾地说。

"对呀，我也是这么想的，"德扬接过书戎的话说，"生石灰在空气里的时候，这一反应是缓慢地进行的，放出的热量慢慢散失，并不集中。而当把大量的水浇到生石灰上以后，这一反应剧烈地发生，就会放出大量的热。"

"这热量确实不小呢，"我接着说，"根据实验测定，一千克氧化钙跟水充分反应，放出的热量可以烧开将近两个暖瓶的水！"

"还有，用水把熟石灰和黄沙、纤维物质拌在一起，和成黏糊糊的石灰浆，就可以用来涂抹墙壁。过不了几天，抹墙的石灰浆就变成硬邦邦的，而且随着时间的推移，会越来越硬，"德扬滔滔不绝地说，"还有一件怪事呢，我家刚住进新屋的时候，墙壁已经很干了。可是，没住几天，不知怎么的，墙壁上又渗出了水珠。"

"好，德扬这段话里的化学知识可真不少，"我兴奋地说，"你们谁能解释这些现象？"

也许赵冉和书戎没有实践经验，学过的知识掌握得又不大牢固，所以对我的问话无动于衷。

而德扬跃跃欲试，头头是道地说："我觉得这是石灰浆（主要成分为氢氧化钙）和空气里的二氧化碳发生反应的结果。反应方程式是：

$$Ca(OH)_2+CO_2 \Longrightarrow CaCO_3+H_2O。$$

碳酸钙（$CaCO_3$）能结成硬邦邦的白色固体。这一反应进行得比较缓慢，所以要使墙壁上的氢氧化钙都转化成碳酸钙，需要相当长的时间。墙壁表面的氢氧化钙变成了碳酸钙，看起来好像干了，其实里层的氢氧化钙并没有和二氧化碳发生反应。但是当人一住进去，屋里的二氧化碳突然增加，就加快了氢氧化钙和二氧化碳的反应过程，于是就冒水珠了。"

"嘿，真不愧是'小化学家'！"书戎佩服地说。

"我这是从书上看来的。"德扬补了一句。

"'小化学家'分析得不错嘛。不过，石灰浆的硬化还有一个原因，"我补充说，"那就是氢氧化钙的硬化作用。石灰浆是一种胶体，里面的水分蒸发以后，一部分氢氧化钙就会从它的饱和溶液里析出，形成结晶。这些结晶掺杂在石灰的水凝胶里，就变成了硬块。抹在墙上的石灰浆，它里层的硬化主要就是靠这种作用。"

说完石灰，德扬他们又问了一些其他硅酸盐制品和建筑材料等方面的有趣问题，我一看时间不早了，只跟他们简略地讨论了一下，就商量起下一次谈话的内容。

"下一次隔一天谈，"我建议说，"内容就围绕家里常用的金属制品，谈谈跟金属有关的化学知识。"

"我同意，"赵冉抢着说，"下次就到我家去谈吧！"

"不，还是到我家好，"书戎说着，还凑到我耳边说，"这样叔叔中午可以在我家吃饭。"

"叔叔在我家也可以吃饭呐！"赵冉争辩说。

"好，不用争了，后天就都去书戎家谈，"我打算让书戎做些准备，所以像做决定一样说道，"书戎，你要好好准备，

　　把家里常用的金属制品都找出来，最好摆到一块儿，开'展览会'。这样后天我们就可以边'参观'边谈了。"

　　"是，遵命！"书戎做了一个立正的姿势，调皮地说。

　　商量完，我就带着书戎、赵冉离开了德扬家。德扬送我们走出很远。走过菜地旁边的时候，德扬的妈妈放大嗓门，热情地喊道："欢迎老师常来我们家玩！"

铝制品生锈更"长寿"

因为早晨天色阴沉，还下着毛毛细雨，我就乘公共汽车去哥哥家了。没想到下车的时候，正好碰到哥哥去上班："哎呀，你可来啦！你快去看看，我家里都乱套了！"

"哥哥，怎么啦？"我像丈二和尚一样摸不着头脑。

"你不是要跟书戒他们谈家里的金属吗？"我哥哥急匆匆地说，"书戒从昨天晚上就开始找东西，今天早晨一睁开眼睛，又翻箱倒柜地找，还把楼下的小冉也叫来帮着找。我出门的时候，已经放了一桌子，

连地上也放了不少！"

"嘿，哥哥，我当是什么事呢！"我若无其事地笑着说，"那是我让书戒准备的，对着实物谈，可以谈得更形象、更生动！"

"得，得，你快上去吧，小德扬也刚上楼，"我哥哥边走边叮嘱说，"我晚上才回来，喝的冷饮和中午吃的，我都给你们准备了，在冰箱里呢。"

我上楼粗略一看，真的怔住了，圆桌上放满了各种金属物品：铝的、铁的和不锈钢的调羹，铝饭盒，罐头盒，铁丝，钉子，菜刀，小刀，钳子，台灯，门把手，白色、金黄色的笔帽，钢笔，镜子，电池，还有书戒小时候矫正牙颌畸形用的钢丝以及他奶奶留下的一个金戒指和一副银手镯，等等。地上放得整整齐齐的是铁锅，新旧蒸锅，铝、铁水壶，铁水桶，还有一个已经锈坏的烟筒拐脖，等等。可以看得出来，这些东西并没有经过精心挑选和周密安排，几乎都是在金属制品的大框架下，随手抓过来的。

"嘿！这里的物品琳琅满目，真像是开展览会呀！"我一边打开雨伞，晾到过道里，一边表示赞扬地说。

"叔叔，我们还在找呢！"

"行，够啦，咱们现在就开始'参观'，当然'参观'的内容不限于你们已经摆出来的东西。我来给你们当'导游'！"

我先把地上的一新一旧两个蒸锅同时挪动了一下，然后指着那个新锅说："你们别看这个蒸锅现在明晃晃、亮闪闪的，使用一段时间以后，它会失去光泽，变得灰不溜丢的。不过它的表面还是光滑的。"

"瞧，这个小铝锅就生锈了！"书戒从圆桌上拿起煮牛奶的小锅说。

"什么？"德扬感到很新奇，"只见过铁在空气里被氧化生成红色的铁锈，却从没听说过铝在空气里也会生锈。"

"怎么不会？这是我妈妈说的！"书戒分辩说，"依我看，铝比铁更容易生锈。因为铝比铁活泼，在金属活动性顺序表里，铝排在铁的前面，中间还隔着锌，它当然更容易跟空气里的氧发生氧化反应啦。"

书戒和德扬的争论，把赵冉也弄糊涂了，她问道："叔叔，他俩谁对呀？"

"书戒的说法有点儿问题，"我回答说，"一般情况下，铁的表面很容易被氧化生成铁锈——氧化铁（Fe_2O_3），写成反应方程式就是：

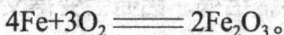

$$4Fe+3O_2 =\!\!=\!\!= 2Fe_2O_3。$$

不过铁锈实际上不是单纯的氧化铁，而是氧化铁的水合物。它是一种疏松、多孔的物质，不但能让氧透过，而且还能吸收水分，这就为内层的铁继续被氧化锈蚀创造了条件，加速了腐蚀的进程。所以有人把铁的锈蚀生动地比作铁得了'癌症'。铝却不会得'癌症'，尽管铝的表面比铁更容易被氧化，生成氧化铝（Al_2O_3）：

$$4Al+3O_2 =\!\!=\!\!= 2Al_2O_3。$$

但是这只能算是给铝穿上了'外衣'，使铝变得更加'长寿'。因为氧化铝是一层极薄又致密的膜，它好像一件'紧身衣'把身体保护住，使里层的铝不被继续氧化，不被大气腐蚀生锈。"

"哦，原来这一层氧化铝薄膜还能够保护铝制品不被锈蚀，"赵冉恍然大悟地说，"我妈妈可讨厌这层薄膜啦，她总是过十天半个月就得用炉灰擦一次铝锅、铝壶。有时候锅底上黑乎乎的炭黑擦不干净，她还用小刀去刮呢，看来这是不科学的。"

"好，赵冉联系实际，把知识活学活用了，"我逗着赵冉说，"铝制品穿上了这件'外衣'，就可以预防得'皮肤病'了，可是有人偏要去掉这层膜，使它失去保护，而铝制品又偏偏有很强的'生命力'，它会重新穿上新衣，长出新膜。但是，长此以往，铝层不是会变得越来越薄，缩短了使用寿命吗！"

"可是，老不擦，铝锅、铝壶会变得又黑又脏，也太难看了。"赵冉小声地嘀咕。

"这好办，可以用布蘸一点肥皂水擦洗。"我说。

"叔叔，我妈妈有时候用食醋，有时候用碱水来洗铝制品，这没有什么问题吧？"

"怎么没有？问题大得很！"我肯定地回答，"要知道，氧化铝是一种典型的两性氧化物，它跟酸和碱都能发生反应，

$$4Fe+3O_2 \rule[0.5ex]{2em}{0.4pt} 2Fe_2O_3$$ 疏松的铁锈 $$4Al+3O_2 \rule[0.5ex]{2em}{0.4pt} 2Al_2O_3$$ 紧密的保护膜

铁   铝

使保护膜遭到破坏。这两个反应的离子方程式是：

$$Al_2O_3+6H^+ \rule[0.5ex]{2em}{0.4pt} 2Al^{3+}+3H_2O,$$

$$Al_2O_3+2OH^- \rule[0.5ex]{2em}{0.4pt} 2AlO_2^-+H_2O。$$

反应后露出的新铝很快又被氧化，生成氧化铝。这会加速铝制品的损坏，比用刀刮和炉灰擦还要严重。"

"这么说，用铝制品存放碱、醋、盐、酱油等，都是不科学的做法。"德扬总结似的说。

"辛德扬说得太对了！"书戒指着圆桌上的一个小圆铝盒说，"上个月，我用它装黄酱，倒完酱以后没有洗盒，没想到过十几天再洗的时候，盒底竟被腐蚀出了许多小洞。"

"这是一个'活教材'！"我拿起圆铝盒说，"拿铝制品装咸东西，跟装醋、碱性物质的后果是一样的。铝的氧化膜被腐蚀以后，失去了保护的内层铝很快又被腐蚀，时间一长，铝制品就报废了。还有，铝不是人体必需的元素，腐蚀下来的大量铝溶进食物里，我们吃了这些食物，对健康是有害的！"

"哎呀！我真该向妈妈好好宣传一下正确使用铝制品的知识！"赵冉认真地说。

银亮"衣服"防治钢铁"癌症"

"叔叔，铁生锈可讨厌了。我家比较潮湿，家里的铁家伙几乎没有不生锈的！"德扬拿起地上的烟筒拐脖气呼呼地说，"这坏拐脖是我拿来的，我家的烟筒最多只能用两年。叔叔，保存烟筒有好办法吗？"

"嘿，铁之所以得'癌症'，正是因为潮湿的空气在作怪，"没等我开口，书戎轻巧地说，"你把烟筒放在干燥、通风的地方不就行了！"

"事情可没有这么简单，"我从德扬手里接过拐脖说，"你们知道吗，这烟筒

'致癌'，跟铁在空气里'致癌'的原因不完全一样。"

　　看他们对我的问话没有什么反应，我只好自己解释说："烟筒是用来排放烟气的。煤在燃烧的时候，煤里含有的硫大部分会变成二氧化硫（SO_2）等酸性物质，它们能跟烟气里的水作用生成酸，对铁有比较强的腐蚀作用。所以，要保存好烟筒，必须'对症下药'。你们想想该怎么办？"

　　"应该把粘在烟筒里的含有酸性物质的污垢用碱性水溶液洗掉，"赵冉迅速回答，"我在姑姑家见过，姑夫就是先用石灰水刷洗烟筒，然后用清水冲洗干净，晾干后包上纸，再挂在房檐下。"

　　"赵冉的姑夫利用酸碱中和反应除去烟筒里含酸污垢的办法是可行的。"我接着补充说，"不过，最好再在烟筒内壁均匀地涂上一层石灰乳。如果嫌涂得不够厚，晾干后再涂一层。这样，晾干、包扎之后将烟筒挂在通风的地方，防腐蚀的效果会更好。因为烟筒里涂上的这层石灰乳，不但能比较好地消除烟筒的残存污垢里的酸性物质，而且空气里的二氧化碳也能逐渐跟石灰乳层作用，形成碳酸钙层，起到隔离潮湿空气的作用。这一反应的方程式是：

$$Ca(OH)_2 + CO_2 =\!=\!=\!= CaCO_3 + H_2O。"$$

　　"这种烟筒，到冬天生火的时候，也可以不除去石灰乳层继续使用吧？"德扬关心地问。

　　"不是'也可以不除去'，而是一定不要除去！"我加重了语气说，"因为用它可以继续中和烟气里的酸性物质，起到保护铁皮的作用。有时候为了取得更好的保护烟筒的效果，甚至在冬季使用过程中，还要将烟筒拆下来再刷一层石灰乳。但是要注意，石灰乳的碱性比较强，对皮肤和棉织物有一定的腐蚀作用，刷的时候小心不要弄到皮肤或衣服上。"

说完烟筒的保存，我指着台灯上白亮的软灯柱说："对于铁制品，如果不采取有效的防锈措施，它的'癌症'也是不可避免的。要防治钢铁'癌症'，就得动'外科手术'，也就是在它的表面涂上凡士林、机油、油漆或搪瓷等，但是最好的'外科手术'还是电镀。"

说到电镀，书戎立即指着圆桌和折叠椅的腿说："对，电镀的东西永远银光锃亮，太漂亮了！"

"可是，叔叔，"赵冉不好意思地小声说，"我们还没有学过电镀，您能跟我们讲讲电镀是怎么回事吗？"

"当然可以，因为我是'导游'嘛！"我笑着说，"电镀，顾名思义，就是用电把一种金属镀到另一种金属的表面。一般将要镀的零件作为阴极，镀层金属作为阳极，用含有镀层金属的盐配成电镀液，在一定条件下通入直流电。这样，电镀液里的镀层金属离子就会跑到阴极镀件上，跟电子结合，变成不带电荷的金属原子，附着在镀件的表面，形成镀层。这一镀层就像氧化膜一样，把器件和有腐蚀性的环境隔绝，起到了防锈、抗腐的作用。"

"叔叔，我们日常生活里的电镀制品，通常都镀哪些金属？"

"最常见的是镀铬，"我回答说，"镀铬的过程和刚才讲的电镀过程有所不同，也比较复杂，可是因为它的镀层很光亮、美观、耐磨、耐腐蚀，所以非常受人欢迎。"

"这么说亮闪闪的家具腿、门把手、削苹果的刀，还有自行车车把等，都是镀了铬啦。"德扬目光扫视着圆桌说。

"是的，"我继续说，"主要因为铬的表面很容易生成一层极薄的氧化膜，使铬的化学性质非常稳定，在常温下不会生锈。经过抛光后，镀铬的表面能产生一种美丽的银白色光泽，在大气里经久不变，也很耐磨。"

"对啦，叔叔，"书戎突然想起了一个问题，"非金属的东西，如这台收音机的塑料旋钮，是怎么电镀的呢？"

"得啦，书戎，你别逗啦！"德扬自信地说，"塑料是绝缘体，没法电镀！"

"你这'小化学家'又犯懵了，"书戎开玩笑说，"听我爸爸讲，这些看起来像金属的旋钮，其实是在塑料上电镀了一层金属。"

"是的，非金属的东西也可以电镀，"我打断了他俩的讨论，"方法就是先在非金属材料表面用化学镀均匀地镀上一层导电的金属膜，就像在做镜子的玻璃上镀上一层银一样，然后用电镀法镀上所要镀的金属。"

玻璃镜子背面的秘密

赵冉这时拿起一面长圆形镜子说："叔叔，您刚才说镜子上镀的是银，我怎么听妈妈说，这镜子上镀的是水银（汞的俗称）？"

"是水银呀，我奶奶也这样说过。"德扬附和着赵冉说。

"说镜子上镀的是水银，那早已是'老皇历'喽！"接着我简要地介绍了一下镜子发展的历史："在很早以前的古代，人们只是用水面当镜子，现在不是还有'水平如镜'这种说法吗？后来到了青铜时代，人们发现磨光的青铜面能照出人像，就又

用青铜做镜子……"

"叔叔，青铜是什么？"书戎打断了我的话问。

"是铜跟锡制成的合金，"我做了解释，又继续说，"青铜镜的使用延续了 1000 多年。但是青铜比较容易生锈，对光的反射率也低，所以做出的镜子不好用。15 世纪的时候，威尼斯人发明了在玻璃上涂一层薄薄的锡汞合金的方法，制成了水银镜。当时人们把这看作一项了不起的发明，把技术严加保密。据说法国国王结婚的时候，威尼斯当局送去一面只有书本大小的锡汞玻璃镜，它的价格竟高达 15 万法郎。但是，由于涂一面锡汞镜子很费时间，大约要用一个月工夫，水银又是有剧毒的物质，所以在 20 世纪，水银镜被镀银的镜子取代了。可是，一般人并不知道这段历史，还以为镜子上涂的仍然是水银呢！"

"叔叔，玻璃是绝缘体，银是怎么镀上去的呢？"

"噢，你也以为是电镀呀？"我说，"在玻璃上镀银，压根儿也用不着电，它是用了一个很奇妙的'银镜反应'镀上去的。"

"'银镜反应'？"德扬喃喃地说，"这名字我好像在哪儿看到过。"

"是的，这是一种很有名的化学镀方法，"我先简单回答了德扬的问题。因为我考虑到这些内容德扬他们比较生疏，所以我慢条斯理地说："这种化学镀银的具体方法是这样的，在 10% 的硝酸银（$AgNO_3$）溶液里，慢慢地滴加 5% 的氨水（$NH_3 \cdot H_2O$），首先会出现沉淀，后来沉淀又溶解，直到沉淀恰好完全溶解为止，这时就形成了银氨化合物溶液。相应的反应方程式是：

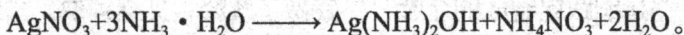

$$AgNO_3+3NH_3 \cdot H_2O \longrightarrow Ag(NH_3)_2OH+NH_4NO_3+2H_2O。$$

"再加入少量 5% 的氢氧化钠溶液。

"然后使银氨化合物溶液和同体积的葡萄糖溶液混合，并且立即倒在事先洗涤干净的玻璃上。由于葡萄糖具有很强的还原性，能把银氨化合物溶液里的银还原成金属银，沉积在玻璃上，于是就形成了一层均匀的银层。"

"叔叔，这也能写出反应方程式吗？"书戎对反应方程式感兴趣了，这对学习化学来说，确实是很重要的。

"银镜反应的方程式比较复杂，"我说，"不过也可以写给你们看看。葡萄糖的分子式简单写法是 $C_6H_{12}O_6$，按它的结构可以写成 $CH_2OH(CHOH)_4CHO$，所以银镜反应的方程式可以写成这样：

$$CH_2OH(CHOH)_4CHO+2Ag(NH_3)_2OH \xrightarrow{\triangle}$$
$$CH_3OH(CHOH)_4COONH_4+2Ag\downarrow+H_2O+3NH_3。"$$

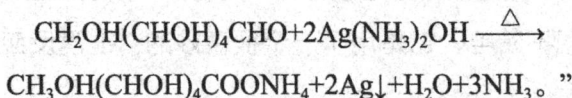

"好家伙，这么复杂！"书戎吐了一下舌头说，"对啦，镜子背面还有一层红色的物质，这是什么呀？有人说它有毒，对吗？"

"哦，这是在银膜上涂的红丹保护涂料。它可以使银膜和空气、水蒸气等物质隔离，不被腐蚀。红丹是四氧化三铅的俗称，确实是一种有毒物质。不过你不用担心，现在生产的镜子，已经开始用一种无毒的涂料代替红丹了。"

不锈钢真的不生锈吗

　　提到不锈钢，德扬好像早有准备地立即问道："叔叔，您说不锈钢也会生锈得'癌症'吗？"

　　"是的，在一定条件下，不锈钢也会生锈，"我说，"准确的说法应该是，不锈钢不容易生锈，而不是永远不会生锈。有人做过这样的试验，把两块都是 20 克的不锈钢跟普通碳素钢同时放到稀硝酸里煮24 小时，结果普通碳素钢被腐蚀掉 6.4 克，而不锈钢只被腐蚀掉 0.2 克。"

　　"可是，叔叔，不锈钢为什么会有这么好的性能呢？"赵冉问。

　　"这就和它的组成有关系了，"我回答说，"不锈钢不是纯的金属，它是一种合金，除含有铁、碳这两种元素外，还含有镍、铬、钼等元素。而这些元素在空气里或跟许多物质接触的时候，都能形成一层极薄的膜，有效地保护着不锈钢不被锈蚀。一般地说，含铬13%以上的铁合金，就有这种特殊的防腐能力。"

　　"不锈钢是谁发明的？真了不起！"赵冉激动地赞叹说。

　　"不锈钢是英国科学家亨利·布雷尔利发明的。"我淡淡地说，"说来也有意思，他还是无意中做出这一发明的呢。当时，布雷尔利想找一种适合制造枪管的合金钢，但是炼了好多样品都不合格，就把它们丢到了废料堆里。经过一段时间的日晒雨淋，废料堆里的合金钢已经锈蚀得不成样子了。但是有一天，他无意中发现，有一块合金钢在阳光下发亮。他高兴极了，拿回实验室一化验，原来它是一块镍铬合金钢。于是他给它起了一个名字，叫作'不锈钢'。"

　　"嘿，不锈钢的发明还真带点儿传奇色彩呢！"书戎自言自语地说，"可是，不锈钢不是万无一失的，要是那层保护膜被破坏了，不就还会被锈蚀吗？"

　　"你说的对。如果使用不当，把这层保护膜给破坏了，不锈钢就有可能受到各种形式的腐蚀。"我从桌上拿起一把生了锈的调羹说，"你们快来'参观'这把不锈钢调羹，由于它的主人使用不当，'可怜巴巴'地生了锈。"

　　"叔叔，那怎么使用才算正确呢？"

　　"要想使用好不锈钢制品，还得先了解不锈钢的品种和一些性能。"

"不锈钢还有不同的品种?"赵冉听了也觉得新鲜。

"是的,"我继续说,"就拿做餐具的不锈钢来说吧,就可以分成两类:一类是以铬作为主要合金元素的铬不锈钢;另一类是以镍、铬作为主要合金元素的镍铬不锈钢,又叫耐酸不锈钢。铬不锈钢的抗腐蚀性虽然不错,但是如果把它长期放在温度高、湿度大、盐分多的环境里,如长期放在吸湿性强的食盐、红糖罐里的不锈钢勺儿,也有可能出现生锈现象。市场上出售的不锈钢用品,多半是铬不锈钢制品。"

我一看表快 11 点了,就建议说:"咱们不知不觉地已经谈了两小时,现在休息一下,好吗?"

"好的,"赵冉响应说,"这个'展览会'太有意思了!"

"咱们这'展览会'在世界上可能是'独此一家,别无分店',"德扬也说,"要是用相机把它拍摄下来留个纪念,才真有意义呢!"

"对啦,我家有相机,我这就去拿。"赵冉说完就回家拿相机去了。

没过两分钟,赵冉气喘吁吁地拿来了相机。我随便提了几个跟照相有关的问题,可能赵冉读过有关摄影知识的书,所以她应答如流,三言两语就做出了正确的回答,而且还都跟金属挂起了钩。

接着我就以"展品"作为背景,给赵冉他们从不同角度照了 5 张相片,其中有一张利用相机自拍,把我也照了进去。

金笔真是用金子做的吗

照完相，我们继续"参观"金属"展品"。书戎从桌上拿起一支金笔问："叔叔，我一直没有弄清楚，这金笔真是用金子做的吗？金在哪里呢？"

"你们俩知道吗？"我问赵冉和德扬。

赵冉摇摇头。德扬不太肯定地说："金笔好像是用金子做的，金在笔尖上吧？"

"德扬还真蒙对了！"我随手拿起桌上的金戒指说，"金子是一种贵金属。它的'性格'特殊，既不怕酸蚀、氧化，也不怕高温烈火。你把它放到强酸里，它泰然自若；你把它扔进炼钢炉里，它安然无

金

恙。你们瞧，这戒指有些年头了，可它始终金光闪闪。"

"这戒指真软，"德扬从我手里接过戒指，往手指上戴了戴，惊异地说，"这么软怎么做笔尖呢？"

"质地柔软，正是金子的又一个特性，"我接着说，"越是纯粹的金子，质地越软。你们知道金子的延展性有多好吗？试验告诉我们，纯金可以锤打成 1/500000 厘米厚的金箔，这种金箔透明、光亮，富有韧性。所以说，直接用纯金做笔尖是没法写字的。"

"那这金笔尖是用合金做的喽。"书戒拔去金笔的笔帽说。

"是的。这金笔尖是用黄金、白银和紫铜的合金做成的。这种笔尖不但硬度比较高，而且弹性特别好。"接着我指着笔尖说，"你们看，这上面标有'14K'的字样，就表示笔尖上含有 58.3% 的黄金。"

"这是怎么回事呢？"赵冉不解地小声说。

"哦，这你们就不熟悉了，"我解释说，"金的纯度或者说金的成色，在国外习惯上用'K'表示，纯金是 24K。金笔尖上有'14K''12K'等字样，分别表示纯金含量是 14/24 和 12/24，也就是 58.3% 和 50%。2019 年，我国发行了中华人民共和国成立 70 周年金质纪念币，它的含金量达 99.9%。"

"因为墨水里含有酸或碱，用金合金做笔尖，就不怕锈蚀了，"书戒似乎很明白似的解释着，"原先我还以为只是笔尖上的那颗小东西才是金子做的呢。"

"笔尖上的那颗小东西才不是金子做的呢。"我纠正书戒的话说，"你想，它要'行万里路'，必须很硬，非常耐磨才行。金子比较软，无法胜任。它是用铱和其他贵金属的合金做成的，叫作铱金粒。你们知道吗？铱可以说是一种金属的'强壮剂'。金属里掺入了铱，硬度就可以大大提高。有人做过试验，把金笔尖和普通钢笔尖同时放在一块白油石上磨一小时，金笔尖的磨损量只有普通钢笔尖磨损量的 1/72。"

"哦，金笔的笔尖含黄金，上面又有耐磨的铱金粒，难怪它的价钱比铱金笔和普通钢笔贵得多！"赵冉说。

"对啦，叔叔，"赵冉一提到铱金笔，书戎立即从桌上拿起另一支钢笔问，"我的这支铱金笔笔尖是铱合金做成的吗？"

"你又错了！铱金笔只是笔尖上的那颗小圆粒是铱合金做的，而整个笔尖是用不锈钢做的。不过，铱金笔的使用效果和金笔差不多，但是价钱便宜得多。所以，它是价廉物美的钢笔。"

"叔叔，本来我想在开学前让爸爸买一支高级金笔，"德扬透露了自己的打算，"听您这一说，得，我撤销原计划，还是让爸爸买一支物美价廉的铱金笔吧！"

你相信金属会有记忆力吗

　　"现在我们来'参观'这件东西，"我拿起牙颌畸形矫正钢丝，对赵冉和德扬说，"你们俩认识它吗？"

　　"认识，这是用来矫正牙颌畸形的钢丝，"德扬回忆说，"我妹妹前几年用过，可麻烦啦，得经常去医院让大夫调整形状。由于我家离医院很远，经常去医院不方便，所以只去了两三次，就没有再去……"

　　"我小时候要不是妈妈耐心坚持，也早就半途而废了。"书戎接着德扬的话说，"之所以要经常去医院调节，主要是不锈钢丝的弹性不太好。要是能发明一种只要

调整一次就可以矫形的合金该有多好！"

"嘿，你这想法还真不是科学幻想！"我笑着说，"现在人们已经研制成功一种镍钛形状记忆合金。用它做牙颌畸形矫正器，只需要调整一次就行。它比起用不锈钢丝做的矫正器，不但能缩短一半以上的矫形时间，而且患者戴着也比较舒适。这种矫正器目前正在推广使用。"

"这种合金真是太妙了！"赵冉疑惑不解地说，"可是它又不是动物，没有头脑，怎么能记住自己的形状呢？"

"这就是化学的功劳了。你觉得它奇怪吗？只要你知道了它能够产生记忆的原因，也就不觉得那么神奇了。形状记忆合金是一种能'记住'自己原来形状的合金。实际上，就是这种合金具有在一定条件下恢复自己原来形状的性能。比方说，在一定条件下，把记忆合金制成一朵花儿，然后在温度降低的时候把它闭合起来，当升高到原来温度的时候，它又会重新开放，好像它能'记住'原来的形状似的。人们利用合金的这种性质，不但能够使它在受热的时候膨胀或伸展，也可以使它在受热的时候收缩或弯曲，这主要取决于原来把它做成什么样子。"

"原来是这样。如果当年我能用这种合金做的矫正器，那就少受好多罪了！"书戒感慨地说，"我觉得形状记忆合金不但能用在牙颌矫形上，也一定能够用在其他用途上。"

"对！拿对人们的生活很有意义的人体修补来说，用形状记忆合金修补断骨，就有很好的效果。"我举例说，"据报道，有一位脊柱弯曲的患者，在脊柱弯曲的部位贴上一片形状记忆合金片，在体温的作用下，由于记忆效应，弯曲的脊柱就复直了。

　　"还有，现在有的科学家准备把形状记忆合金制成小的适用的筛网，拉直后植到人的臂下静脉里，在人的体温作用下，这种直线状的小网会自动恢复成原来的网状，以达到阻止凝血块流向心脏和肺部的目的。这种装置已经在狗身上试验成功。目前人们正在加紧研究用镍钛形状记忆合金制作人工心脏，一旦研制成功，就将使难以医治的疾病得到治疗，给患者和他们的家属带去福音。"

修补人体的金属 "三姐妹"

"叔叔,您刚才说到用金属修补人体,这不是早就有了吗?"赵冉回忆说,"我有一个表叔,5 年前突然得了两腿弯曲不能站立的怪病。住院以后,大夫及时给他做了手术,换上金属做的人工关节,没过多久,他的两腿又恢复了功能。"

"这做人工关节的金属一定是不锈钢吧?"德扬猜测。

"不一定,"我说,"这种金属可以是不锈钢,也可以是别的亲生物金属。"

"亲生物金属?"很关心生物学知识的赵冉不解地问,"叔叔,这是一种什么

钛 钽 锆

样的金属？"

　　我没有简单地回答赵冉的问题，而是详细地解释说："当人体发生严重损伤，或者是发生像刚才说的那种病变，需要修补的时候，有许多种材料在强度上是符合要求的，但是其中有不少材料进入人体以后就会产生变化，或对人体有不良影响，因而不能应用。因为人体是一个非常复杂的环境，充满着对材料具有腐蚀性的各种体液，如淋巴液、血液、胃液、关节液等，许多金属材料都经不住种种体液的腐蚀。另外，进入人体的材料也不能破坏人的各种正常生理过程，这就给材料加上了许多限制。"

　　"那能够找到这样的金属材料吗？"赵冉着急地问。

　　"很难在自然界找到符合这种要求的现成材料，"我继续说，"但是化学可以帮助人类创造奇迹。人们经过研究发现，用化学方法提炼出来的金、钼、钽、钛和钛合金、钴铬合金、不锈钢，在不同程度上都能符合这些要求。就是这样一些金属，叫作亲生物金属。"

　　"除了替换骨骼外，有时候镶牙也要用这类合金吧？"德扬想起了他爸爸镶的两颗"金牙"后问道。

　　"是的，牙用合金可以说是应用历史最久的一种亲生物金属了。这种合金分贵金属和非贵金属两类。金合金、银合金属于贵金属合金。德扬爸爸镶的'金牙'，可能就是金合金。钴基合金和镍基合金属于非贵金属。现代新发展起来了一批亲生物金属，其中最出名的是钛、钽、锆，被称作亲生物合金'三姐妹'。"

"可真有意思，金属也有'姐妹'。"书戎露出好奇的表情。

"当然，'三姐妹'是一个比喻。虽说这'三姐妹'都有亲生物的性能，但是也各有千秋，有自己特殊的本领。"因为书戎他们对这些金属很不熟悉，所以我逐一介绍了它们在修补人体方面的特殊功用。

"钛是著名的空间金属。它轻而坚韧，抗腐蚀本领超过了不锈钢，可以跟白金相比。用钛或钛合金可以做成人体的各种骨骼和主动脉瓣膜，还有人用带微孔的钛网来代替头盖骨。它的主要缺点是在做人工关节的时候，会使周围组织发黑。

"钽是金属中的抗腐蚀'冠军'，对于酸类具有特殊的稳定性，胜过陶瓷、玻璃和白金。它对人体有极好的适应性，可以做接骨用的板、钉和夹等，可以用钽片修补头骨和腹肌，用钽网修补肌肉组织。特别可取的是，用它代替骨骼，肌肉会在它上面生长起来，就好像长在原来的骨骼上一样。它的主要缺点是密度大，放入人体会使人感到沉重。

"锆的性能跟钛和钽很类似，尤其是在和生物体的紧密结合上，更具有优越性……"

我滔滔不绝地说到这里，只听赵冉的妈妈在楼下大声地喊道："赵冉，都 12 点半了，还不回家吃饭？"

"好，'参观'就到此结束，"我立即收起话匣宣布，"现在该喂肚子了。"

"下午还继续谈吗，叔叔？"赵冉问道。

"金属'展览'参观得差不多了，"我说，"下午咱们一起去游泳吧。这还是我今年第一次下水呢！"

　　"吃完饭就去吗？"赵冉问。

　　"不，中午休息一会儿，两点准时走。"我回答说。

　　赵冉走后，我们迅速收拾了一下桌子，就拿出哥哥为我们准备的午饭吃了起来。也可能是太饿了，主食面包、茶肠加冰镇绿豆汤，我们吃得格外香甜。